1999年，作者主持了《21世纪初期首都水资源可持续利用规划（2001—2005）》、《黑河流域近期治理规划》、《塔里木河流域近期综合治理规划》等第一批国家级生态修复规划的制定和实施工作，共投入351亿元，与《黄河重新分水方案》一起被时任国务院总理朱镕基批示为："这是一曲绿色的颂歌，值得大书而特书。建议将黑河、黄河、塔里木河调水成功，分别写成报告文学在报上发表。"时任国务院副总理温家宝批示："黑河分水的成功，黄河在大旱之年实现全年不断流，博斯腾湖两次向塔里木河输水，这些都为河流水量的统一调度和科学管理提供了宝贵经验。"

1980年6月16日在法国原子能委员会参加受控热核聚变研究时，作者作为访问学者的代表在巴黎受到邓颖超同志的接见。她把作者（前排左五）拉到身前坐下，在会见讲话中说："高崇民同志（原东北抗日救亡总会负责人、第四届全国政协副主席）的外甥就在这里，是历史的见证。高崇民同志和周恩来及其他同志一起，为西安事变做出了重要贡献。今后我们的国家就要靠你们这一代了。"（新华社有记录稿）当时的场景至今历历在目。因此一定要为受控热核聚变能的商用，为解决中国和人类缺水的问题再尽绵薄之力。

作者当选瑞典皇家工程科学院外籍院士后，由瑞典皇家工程科学院主席团主席T·莉娜（左二）和瑞典皇家科学院院长B·尼尔森（左一）陪同与瑞典国王（右一）见面，并介绍说："吴先生是国际知识经济的主创意者和中国第一批国家级生态修复规划的制定和实施组织者。"

2010年作者获"全国优秀科技工作者"称号，主要表彰作者"以复合型生态工程的理论与实践在申办和保证北京奥运以及首都供水方面做出的突出贡献"。

　　1999年4月9日在朱镕基总理出席开幕式、于美国国务院举行的
"第二届中美环境与发展论坛"上，作者（前排左一）做首席发言阐述
对修建三峡大坝的观点，此后的美方发言再没有指谪中国的大坝问题，
会后美国海洋和气象局局长找到作者说："您讲得精彩。"朱丽兰部长
事后说："吴季松司长的发言对后来的会议做了导向。"

　　作者（左一）于1992年在巴黎联合国教科文组织总部与蔡方柏大使（左三）、联合国教科文组
织总干事马约尔（左四）、助理总干事扎尼哥（左五）参加签署中国加入《关于特别是作为水禽栖息
地的国际重要湿地公约》。扎尼哥先生对作者说："我最清楚您积极有效的贡献。"

1990—1993年作者在巴黎联合国教科文组织工作时，与提出"清洁生产3R原则"、创意"循环经济"的联合国环境计划署工业生产局（设在巴黎）局长拉德瑞尔（J. A. de. Larderel）女士多次在一起探讨清洁生产和"循环经济"。

WU JISONG

RECYCLE ECONOMY

作者的著作*Recycle Economy*（《新循环经济学》）于2006年4月由世界第一所大学——意大利波伦亚大学Effeelle出版社全文出英译本，全球发行。据查是我国经济学家在发达国家全文出版译著的第四本。

KNOWLEDGE ECONOMY EFFEELLE EDITORI

1997年作者在肯尼亚内罗毕联合国环境规划署总部会见执行主任E·道德斯维尔女士，她充分肯定作者创意"新循环经济学"的主要观点。

2000年在英国布莱顿苏塞克斯大学与世界著名经济学家、国际"国家创新体系"首创者弗里曼教授在一起，他热情鼓励作者创意"新循环经济学"。

北京申奥成功后中国代表团在莫斯科现场欢呼，这是国内外播报的第一个镜头（作者为左起第一人）

2002年水利部在张掖考察黑河节水灌溉，左起第四人为水利部部长汪恕诚，第二人为作者，第三人为张掖市市长田宝忠，至今恢复的额济纳旗东居延海已成为旅游热点。

2001年作者向塔里木河尾闾英苏村109岁的维吾尔族老人阿不提·贾拉里询问当地的生态历史，据此以生态史追溯法制定塔里木河尾闾生态修复规划，至今台特玛湖已经蓄水，因缺水迁出的维吾尔族居民早已返回安居。

北京科普创作出版专项资金资助

水! 最受关注的 66个水问题

Water! the Most Concerned 66 Water Resources Issues

卅年研究 / 百国考察 / 廿省实践

30 years' research, 100 countries' investigation, performances in 20 provinces

吴季松 著

Wu Jisong

北京航空航天大学出版社

图书在版编目（CIP）数据

水！最受关注的 66 个水问题 / 吴季松著. -- 北京：
北京航空航天大学出版社，2014.6
ISBN 978 - 7 - 5124 - 1540 - 9

Ⅰ. ①水… Ⅱ. ①吴… Ⅲ. ①水资源－研究－世界
Ⅳ. ①TV211.1

中国版本图书馆 CIP 数据核字（2014）第 106129 号

水！最受关注的 66 个水问题

吴季松　著

责任编辑　宋淑娟

*

北京航空航天大学出版社出版发行

北京市海淀区学院路 37 号（邮编 100191）　http://www.buaapress.com.cn
发行部电话：(010) 82317024　传真：(010) 82328026
读者信箱：bhpress@263.net　邮购电话：(010) 82316936
涿州市新华印刷有限公司印装　各地书店经销

*

开本：700×960　1/16　印张：20　　字数：238 千字
2015 年 3 月第 1 版　2015 年 3 月第 1 次印刷　印数：3 000 册
ISBN 978 - 7 - 5124 - 1540 - 9　定价：45.00 元

Brief Introduction

The shortage of water resources is a common problem in the world today. It affects not only our human's life source, but also endangers the ecological system that the human relies on for the survival, and affects seriously the sustainable development of human beings.

The average water resources per capita of China has been reduced to 1990 cubic meters/person in recent ten years falling into the medium degree of the lack of waterline which the author hosted to make when worked at UNESCO. China's government, the experts and the people should attach great importance to it.

The problem of China's water has aroused widespread concern in the international society. The comments and the forecast can be seen continually in the international conference, research reports and all kinds of media. But many of them depend on the inaccurate data, the unknown situation, and unreasonable speculation.

Although the domestic public pays close attention to it, there also lacks the systematic thinking for the research. Some countermeasures are not reasonable, and the public has a lot of misunderstanding about the situation, thus even misleading the people.

Aiming at the above problems, the author tried to answer the most 66 concerned water problems as comprehensively as possible, who accumulated 30 years research, a hundred countries investigation, specific management for 6 and a half years on water resources in China and the practice of the ecological restoration in 20 provinces, and ask for the advice from all circles at home and abroad as well.

Wu Jisong
Feb. 6 2015

The Brief Introduction of Author

Wu Jisong: Born in 1944, Doctor and Professor, of Research Center of Circular Economy Outstanding scientist in China (a kind of award); Foreign Member of Royal Swedish Academy of Engineering Sciences; President of Beijing Association of Circular Economy Development of BUAA (Beijing University of Aeronautics and Astronautics); Vice President of China Society of Technology Economics; President of Beijing Association of Circular Economy Development.

1968, Graduated from the Department of Mechanical Engineering Mathematics of Tsinghua University;

1968, the Tractor and the Person in charge of the Branch Farm of Lake Fangcao in Xinjiang Autonomous Region;

1971, the Turner and the Technology Head of the Xinjiang Instrument and Meter plant;

1973, the Member of Institute of Micro-thermal Plasma Physics of Chinese Academy of Sciences;

1979, the Engineer of France Fontenay aux Roses Research Center of European Atomic Energy Union;

1982—1988, the Vice Director and the Deputy Director of the International Organization of Department of the International Cooperation Bureau of Chinese Academy of Sciences;

1985—1986, Presided the project of "Multi-disciplinary Studies on Applications to Economic Development" of Unesco;

1990—1992, Deputy Representative and the Counsellor of Chinese Permanent Delegation to Unesco;

1992—1993, High-technology and Environment Consultant of

Science and Technology Sector of Unesco;

1993, the Deputy Director of the International Bureau of the Information Office of the State Council;

1995, the Director General of Research Office of Environmental and Resources Committee of National People's Congress;

1998—2004, Exective Vice-director General of National Water Saving Office, Director General of Department of Water Resources, Ministry of Water Resources of China;

2000, Special Assistant to the President of Beijing Olympic Games Bidding Committee;

2004—2008, the Dean of School of Economics and Management of BUAA;

2009, Foreign Member of Royal Swedish Academy of Engineering Sciences;

2010, the Member of the Expert Advisory Committee of Beijing Municipal Government;

2011, Won the Management Science Award (Academic courses) by Chinese Society of Management Science;

2013, the Director of the adviser Committee of the International Ecological Safety Collaborative Organization.

从"以水定地"到"以水定城"的提出

自 2012 年底作者有幸与台盟中央合作，主持"新型城镇化系列研究"（共三个报告），经台盟中央上报，自 2013 年 2 月至 2014 年 2 月，在长达一年的时间里中央主要领导持续高度关注，批示达 12 次之多，最长的一次达 182 字。批至国家发改委、环保部、住建部、水利部和农业部等多个有关部门研究采纳。说明中央领导对新型城镇化中的水问题的高度重视。

依据作者 45 年具体操作、专门研究、百国考察、六年半全国水资源具体管理和廿省水生态修复实践提出的"以水定地""以水定人""以水定城"的用水原则终于在中央领导的高度重视和直接领导下建立起来了，对我国的可持续发展是件大事。

1. 以水定地

1968 年作者从清华大学毕业后到新疆农场劳动锻炼挖渠浇水，由于表现好，一年后开上了拖拉机。

不久，作者就对当初引以为荣的工作产生了疑问。我们开垦的这块千年处女地，第一次犁开时虽不像东北的黑土地，但由于固沙植物对水土的保持，下面也是深褐的湿土。由于当年天山上的雪水下来得多，所以开荒后，千年沃野加上充足的雪水，种什么都是大丰收，真是玉米长、西瓜大。但是，如果第二三年雪水少，这些地就只能不种，而要荒上两年，很薄的表层土壤就会沙化，整个开荒区也会沙漠化，于是半荒漠半绿洲地区就变成荒漠了。而被开荒犁掉的千年固沙植物可是"铁犁铲得尽，春风吹不生。"想修复已不可能了。在这里作者亲身体验到，农业的发展取决于水，不仅取决于当年的水，还要取决于当地的水资源状况（即多年平均）。自那时起，作者开始领悟到"以水定地"，并在以后的工作中不断提出。

因为没有一种产业不用水，所以完全可以推广到其他产业。

根据作者 20 世纪中的亲身体验和世纪末的全面考察，至少到 21 世纪初，新疆已基本无荒可开，所谓开的"荒"全是沙漠与绿洲的过渡带，而过渡带对绿洲有极强的保护作用。由于水是一定的，如果在这里开了 100 亩的荒，而且要保持连续耕种，那么在另一处就要损失 100 亩的绿洲，这样做，得未必偿失。

2. 以水定人

水是生命之源，也是人类生存的三大必要条件之一，因此"以水定人"是科学的结论。

目前水资源短缺是全球性问题，就国家而言，不存在缺水问题的只有加拿大和印尼等少数几个国家。究竟什么是缺水的科学标准呢？要先看人类用水有哪些方面。人类用水主要有生活、生产和生态三个方面。生态水是作者首先提出的新概念。作者在联合国教科文组织根据 46 国 852 个案例的统计平均值主持制定的人类与水资源关系的标准中，给出了如下"以水定人"的标准，如果不能维系可持续发展人均水资源量的最低标准，就只能靠超采地下水而"子吃卯粮"，从而破坏了生态系统。

地球上温带地区生活与生产用水的水资源标准

水资源丰欠标准	人均水资源量阈值/立方米
丰水	大于 3 000
轻度缺水	2 000～3 000
中度缺水	1 000～2 000/1 700（原有阈值）
重度缺水	500～1 000
极度缺水	小于 500
保障可持续发展最低水资源量	300

这些标准目前已被联合国以及美国、德国和越南等多国引用。温家宝副总理于1999年4月4日在《为可持续发展提供水资源保障》(作者参加1999年中美环境与发展会议首席发言的预案材料)上批示:"此文可以适当形式摘发各地各部门参阅。"

根据上述标准,1999年作者主持制定的《21世纪初期首都水资源可持续利用规划(2001—2005)》,后经国务院总理办公会批准,由作者主持实施,保障了北京奥运会的成功举办,至今维系着北京脆弱的水供需平衡。此后,作者又主持确定了南水北调的规划,朱镕基同志批示:"这是一曲绿色的颂歌,值得大书而特书。"温家宝同志也批示"……提供了宝贵经验。"

进入21世纪后的近10年,我国人均水资源量已为1 999立方米/人,跌入中等缺水国家的行列。所以,总体而言,调水已不是解决问题的根本办法。比如南水北调的水源地已是中等程度缺水,当地也要发展;引江济汉,长江的自净能力已达健康河流的阈值,如调水,则要沿江大建污水处理厂,仅就经济而言,已不合算,同时,长江流域的人均水资源量已低于2 000立方米/人,为中等程度缺水,是不宜调出水的地区。

3. 以水定城

先从国内外历史说起,重建古丝绸之路是我国的一个重要国际发展战略。当年古丝绸之路是由一串城市国家组成的,如楼兰、精绝和尼雅等,但是他们为什么都消失了呢?有多种原因。作者在联合国任职时不仅把"丝绸之路"的创意最早引入国内,参与组织了最初的活动,而且在新疆生活过5年,对沿线做过深入调查。古城市国家消失最重要的原因就是不断膨胀的人口大大超过了水资源的承载力,没水了,人们只好放弃城市。丝绸之路几起几落的原因,是在地下水位经多年恢复后重建城市,又无度发展,再次超载,重蹈覆辙。所以在重建丝绸之路,尤其是沿线的新型城镇化过程中,一定要吸取这一沉痛的历史教训。

　　国外也是这样，世人皆知的美洲印第安人古城"无故"消失，至今原因不明。作者考察了墨西哥城的水资源状况后，得出一种解释：当时的异族入侵的确给城市以很大破坏，但却不是城市完全废弃的原因。真正的原因是与外族入侵同来的连年大旱，使古特斯科科湖干涸，由于城市规模太大，浅层地下水也近于被采枯竭，而当时的特奥蒂华坎人和外异族都没有铁器，无法打深井。

　　为了确认这一观点，作者特意提出并认真参观了世界著名的墨西哥城古人类学博物馆，印第安人虽有较高度发展的文化和精美的金银铜工艺品，可以雕高达 8.5 米、重 167 吨的人头石像，但直到欧洲人入侵前都没有铁器，不会炼铁，因此无法打深井。所以遇到大旱时，只能弃城疏散返回森林。

　　墨西哥水资源署高官听了这种解释后，完全同意，而且说："您的成果超过了由美国支持的几百万美元的研究项目的成果，应该在我们报上发表。"但因当时行程匆匆，只能做罢。15 年后的今天，国际上较普遍地认同这种观点。

　　1999 年由作者主持制定的《21 世纪初期首都水资源可持续利用规划（2001—2005）》，在国务院总理办公会上得到高度评价，批准后自 2001 年起，由作者主持实施。经过多方努力，在中央各部门和相关省区取得共识后，作者即向北京市领导建议"以水定城"，北京人口应控制在 1800 万，并被采纳，写入《北京城市总体规划（2004—2020）》工作报告。

　　从保证社会经济发展用水的角度来看，具有实际意义的指标是用水人口，即常住人口，并提出了这个概念。2007 年曾预测：到 2006 年底北京的常住人口已达 1581 万，自 2000 年以来年增长率为 2.25%，如按这一速度增长，到 2010 年北京市人口将达 1730 万，再加上流动人口的人·年数，用水人口总量将超过 1800 万人，人均水资源量则降至 300 m³ 以下。水是难以大范围持续调配的自然资源，又是北京最短缺的资源，因此北京控制人口迟早要实行，势在必行。根据条件制约的木桶原理，水资源正是北京发展的短边，因此北京常住人口宜控制在不超过 1650 万、流动人口不超过 150 万，即用水人口总量在 1800 万之内，而人均水资源量就是控制的科学依据之一。

可惜由于各方面的原因，这一规划目标未能实现，现在中央和北京市都对"以水定城"高度重视，视为不可逾越的红线，这是非常及时的。

2014 年 5 月 26 日

目　　录

上篇：如何让公众真正懂水

世界与中国的水态势如何

世界上最受关注的水问题

什么是人民最关注的水问题

北京的水问题在哪里

下篇：如何把用水变为"水利"

如何实现水资源优化配置

如何进行水生态修复

什么是城市水安全——关键是水资源承载力

参考文献

水的基本知识问答

关于水的问题很多，先简要回答人们特别关注的 10 个问题，由于这些问题的回答简单，所以就合起来算作一个问题吧！

1. 哪里水最多？

在联合国的工作人员中有一句话，叫做"不到巴西不知道水多"。2011 年巴西人均水资源量 27 550 立方米/年，是我国的 14 倍，总水资源量 5.4 万亿立方米，是我国的 2 倍。亚马逊河是世界第二长河，年径流量达 6.6 万亿立方米（包括上游的哥伦比亚和秘鲁），是我国长江的 7 倍，超过黄河径流量的支流达百条。

作者乘船到亚马逊河两大支流的内格罗河和苏里蒙河的交汇处看到，真是汪洋一片，内格罗河水发黑（上游森林的腐叶造成），苏里蒙河水发白（沿河土质造成），黑白分明的一条犬牙交错的界线堪称世界奇观。

亚马逊河流域热带雨林密布，人烟稀少，保持了健康河流的自然河道，因此洪涝灾害不严重。

2. 哪里水最少？

水最少的地方显然是沙漠，但沙漠中堪称世界之最的并不是世界上最大的沙漠——撒哈拉沙漠，而是埃及境内的努比亚沙漠。这里人烟稀少，可是人均水资源量仍不足 10 立方米，仅为以色列的 1/10。

然而，这片无水之地却是目前世界上的化石民族——古埃及努比亚人的家园。作者考察时与一个努比亚人交谈，她说："我们习惯于干旱，连喝水都少。"她还送作者一个用贝壳穿的小项链，珍藏至今。

3. 哪里水最脏？

孟加拉国恒河入海口的水是作者见到的污染最严重的水之一，乘船下河，河中心的水颜色乌黑，水草和鱼都没有踪影，是一条"墨河"，河上漂着烂菜叶、塑料袋等各种垃圾。在船上已闻到腥臭味，肯定是劣 V 类水。但"你要知道梨子的滋味，还要亲口尝一尝"。作者像在每条河上一样，还是尝了一下，几乎作呕。所以，作者不敢像在每个河口一样下河游泳。

不要以为这里只有生物污染，在上游建了不少造纸、皮革和纺织厂，大都是污水直排，化学污染同样严重。在作者去的 2004 年，孟加拉国政府已决心下大力气治理，10 年后的今天应该大有改观了吧！

4. 哪里水最浑？

走遍世界，最浑的大河水是黄河水，因为黄土高原几乎是地球上独一无二的地质带，冲刷下来的泥沙就把黄河水染黄了。作者从青海的海南藏族自治州到山东东营的入海口考察过黄河，上游的水是清的，过了龙羊峡开始变浊，直至入海口变成了一条浑河。

黄河虽流过地球上独特的黄土高原，但是历史上也不是浑河，原叫大河，"大河上下、顿失滔滔"说的就是黄河。黄土高原上人口越来越多，经济不断发展，黄土高原上的原始森林逐渐被砍伐殆尽，无树固土，水土流失，千年变迁，大河就成了黄河。

5. 哪里水最清？

世界上的水，贝加尔湖的水最清，大部分地区的透明度为 40 米以上（日本的摩周湖居世界第一，但也仅 41 米，而且水量太小），而且总水量达 23.6 万亿立方米，占世界地表不冻水资源的 1/5，是我国年用水量的 40 倍。

作者在贝加尔湖中游泳，真是心旷神怡，是世界上唯一可以一边游泳、一边喝水的水域，水质不仅洁净，而且甘甜。可惜水温在盛夏只有 17℃，所以作者很快就上岸了。

6. 什么地方水比西瓜贵？——生活用水

这个问题可能令人不解，西瓜不就是水吗？的确有这样的地方，就是在新疆戈壁滩边一望无际的农田中。

20 世纪 60 年代末，作者作为大学毕业生参加劳动锻炼，在新疆农场当拖拉机手，在烈日炎炎的大田中作业，带上许多西瓜解渴。但是吃过蜜甜新疆瓜的手上粘满了作业扬起的尘土，甚至和成了泥而影响操作。当时没有水洗手，而用西瓜洗手会越洗越粘，这时真想用几个大西瓜换一点水。后来想了一个主意——用生瓜洗手，所以对我们来说，真正的挑瓜技术不是挑甜的熟瓜，而是挑几乎不含糖分的生瓜——仅仅是为了洗手。

7. 什么是最大的工业节水？——生产用水

20 世纪 70 年代初，作者作为大学毕业生分配到工厂当车工，制造老式内径千分尺，这种千分尺需要车许多螺母、螺帽等钢质小部件，这样就需要把车刀磨得尖尖的，但是车起来还是火花四溅，需要不断加水冷却，甚至需要专人加水才能连续工作。这样不仅误工，而且浪费大量水。

看到这种情况，作者利用业余时间设计了一种新型内径千分尺，这种千分尺不用滚珠定位，自然也就不用再车那些废品率极高的小螺母和小螺帽了，同时节约了大量水。这次的试制成功让我真正体会到："最大的工业节水是技术创新"。

8. 什么地方的好水不能用？ ——生态水

20 世纪 60 年代末，作者在新疆农场劳动锻炼，后来从开拖拉机调到分场办公室，参与开荒的计划并亲历亲为，亲身体验到荒漠与绿洲之间生态过渡带的地下水不能用。

我们在绿洲的边缘开荒，当年天山冰雪融化得多，流下来后浇灌在被开垦的千年处女地上，轻易就获得了粮食大丰收，大家欣喜若狂。第二年天山冰雪融化得少，庄稼靠大量吸收地下水，勉强有收成。第三年天山冰雪融化得更少，地下水埋深降低，吸不上水来了，庄稼半死不活，土地开始沙化。第四年天山下来的水更少，只得弃种，但千年的固沙植物都因开荒而被犁掉，刚开垦的"农田"也变成了沙漠。荒不能乱开，地下水不能滥用，否则一年的收成就可能使过渡带变成永久的沙漠，这是作者的亲身体验。

9. "山有多高，水有多高"如何改变了中国和世界的历史？ ——地下水

"山有多高，水有多高"指的是地下水。不但地上有河流、湖

泊和沼泽，大自然还给了人类一个"天然水库"——地下水层。地下水层依地势起伏，在许多情况下"山有多高，水有多高"是对的。但也有很多情况，地下水层的起伏波动不如地势波动大，所以山很高，地下水层却没有那么高，在山顶上打不出水来。

"山有多高，水有多高"改变了中国和世界历史的两个典型例子都发生在中国。

一个是大家熟知的井冈山，山上可以打井，灌溉农田，因此使占山割据的红色政权可以长期坚持，成为革命胜利的摇篮。

另一个是许多人不熟悉的重庆合川的钓鱼山，钓鱼山虽小，但险过井冈山，四周悬崖峭壁，仅一条路可以登顶。南宋时，在山上为抗元筑钓鱼城，由于山上平台有水可种粮，坚持抗元达 36 年之久，是元军久攻不下的仅有据点。1259 年元宪宗蒙哥亲率 10 万大军围攻，名将王坚固守，以土炮把蒙哥打成重伤致死，自此蒙古由于大汗位的争夺，停止了在欧洲西进的步伐。钓鱼城在欧洲广为人知，被称为"挽救了基督教文明"的圣地。

10. 什么地方是绿水青山的天堂？——"金山银山不如绿水青山"

20 世纪 80 年代初，作者在德国慕尼黑附近阿尔卑斯山前的阿默尔湖畔遇到率团访问的老革命霍士廉，他已年届 70，参加革命 50 年之久，在浙江工作了 16 年。在阿尔卑斯山的山坡上，原始次生林苍翠，绿草如茵；治污后的湖水清澈，碧波粼粼；山上偶尔窜出野兔，湖上天鹅、水鸟游弋；平层木质农舍散落其间，还原了自然的生命共同体。

霍士廉同志的一段话发人深省："我还是一个学生时参加革命

是为了百姓过上好日子，也更向往未来的国家成为'人间天堂'。哪里是'人间天堂'？这里可以算是'人间天堂'。"

此时距第二次世界大战结束仅 35 年，二战时这里的水环境遭到巨大破坏，战火硝烟不说，希特勒政权为了躲避轰炸，把许多重污染军工企业迁至附近，水污染十分严重。战后德国在 20 世纪 50—80 年代，仅仅用了 30 年就修复了绿水青山。我们的水环境治理工作难道不该从理论、技术和政策等多方面做深层次的反思吗？

上 篇
如何让公众真正懂水

世界与中国的水态势如何

世界与中国的水处于一种什么态势呢？大城市都有缺水问题，但是如何解决呢？

我们这个星球缺水吗？

我们这个星球——地球是已知星球中唯一有水的星球，因此也是已知星球中唯一有生命的星球。水是包括人类在内所有生命生存的重要资源，也是生物体最重要的组成部分，人体的大约70%是水。水星上并没有水，是只有其名而已。其他星球如火星，只是"疑似"有水，但还没有科学证据。

我们的家园地球缺水吗？应该说不缺，缺的是淡水。

地球的表层水体构成了水圈，包括海洋、河流、湖泊、沼泽、冰川、积雪、地下水和大气中的水，并且储水量巨大，总计约为1 385 984.6万亿立方米，但是海和大洋里的水都是咸水，某些湖泊的水也是咸水，咸水合计约有1 350 955.4万亿立方米，占总水量的97.5%，这些水都不能直接饮用。能饮用的淡水储量包括冰川、积雪、地下淡水、河流湖泊水体、大气中的水和生物体中的水，它们只占总储量的2.5%，约为35 029.2万亿立方米。这些淡水中将近70%冻结在南极和格陵兰冰盖中，其余大部分是土壤水或是不易开采利用的深层地下水。因此，可供人类利用的淡水是十分有限的，还不足世界淡水储量的 1%，即不到全球水储量的万分之一（见表 1-1）。

从表 1-1 可以看出，我们缺的地表水有 99.57% 都在冰川与冰盖之中，而便于我们利用的河流、湖泊和沼泽中的水则只占 0.43%。那么如果融化冰川与冰盖，问题不就解决了吗？不行。且不说在财力和技术上难以做到，更重要的是，这是对自然生态系统的破坏，这样做违背了与自然和谐相处的科学规律。

表 1-1　全球各种水体资源总量

水体种类		水　量		咸　水		淡　水	
		万亿立方米	%	万亿立方米	%	万亿立方米	%
海洋水		1 338 000	96.54	1 338 000	99.04	0	0
地表水		24 254.1	1.75	85.4	0.006	24 168.7	69
地表水	冰川与冰盖	24 064.1	1.74	0	0	24 064.1	68.7
	湖泊水	176.4	0.013	85.4	0.006	91.0	0.26
	沼泽水	11.48	0.000 8	0	0	11.48	0.033
	河流水	2.12	0.000 2	0	0	2.12	0.006
地下水		23 700.0	1.71	12 870	0.953	10 830.0	30.92
土壤水		16.5	0.001	0	0	16.5	0.05
大气水		12.9	0.000 9	0	0	12.9	0.04
生物水		1.1	0.000 1	0	0	1.1	0.003
总计		1 385 984.6	100	1 350 955.4	100	35 029.2	100

实际上，在仅占 3％的可利用淡水中，可以科学利用的水也只是河流水，因为它是可再生资源，而"可持续发展"的基本原理就是以"资源的永续利用保障经济社会可持续发展"为目标。那么如何"永续利用"呢？最好的办法就是利用可再生资源。湖泊和沼泽的水也是可再生的，但是再生周期长，难以及时补充，因此如果长期过量使用，就会影响其生态功能，造成对自然生态的系统性破坏。当然，河流水也有其生态功能，所以本流域的利用量不能超过40％，跨流域的利用量不能超过 20％，否则也会对自然生态造成系统性的破坏。河流上游修了水库，就造成下游断流便是明证。

我们可以利用的水还有地下水，地下水分浅层、承压层和深层三类。浅层地下水一般埋深在 50 米以内，易于通过降雨、降雪补充，可以在年际补给量内利用。承压层地下水一般埋深在 50 米以上，均不能开采，否则会造成地面沉降。深层地下水一般埋深在 100 米以上，它是"子孙水"，补给需要几十年甚至上千年，对于几代人来说是用一点少一点，正所谓饮鸩止渴。

地球上缺可再生淡水的问题能够解决吗？能。这将在本书最后一个问题中回答。

什么是缺水的标准?
——缺水不是"没水喝"

要想科学地讨论我们这个星球缺可再生淡水的问题，就要建立一个指标体系来回答"什么是缺水"的问题。这样才能有科学的认识，并达成共识。

1992 年作者任联合国教科文组织科技部门顾问，科技部门有个水处，处里的专家不少，就连秘书的水平都很高，而且与各国的水利部门都有广泛的联系，在占有资料方面也可谓得天独厚。

水系统属非平衡态复杂巨系统，尚不能通过建立数学模型和利用计算机运算来解决。对于这类难题，目前最好的办法就是占有大量可信的数据，以统计平均的方法解决，最主要的方法就是蒙特卡洛法（Monte-Carlo）。作者是改革开放后的第一批出国访问学者，20 世纪 70 年代末，自己作为题目组组长在欧洲原子能联营法国原子能委员会的芳特诺（巴黎近郊）核研究中心所做的受控热核聚变能利用研究的计算，正是以系统论与协同论为指导，利用蒙特卡洛方法工作，可谓驾轻就熟。

这种方法在占有大量数据的基础上，通过复杂的计算得出的往往是最简单的结论。举一个例子就可以说明这个问题：此前的 20 年，国际上花了数以千万计的美元做各种实验与计算，研究全球气候变暖到什么程度会发生质的变化，从而造成给人类带来巨大危害的温室效应？最后得出一致的结论：平均温度升高 2.5 ℃左右。其实也可以用另一个方法得出结果：地球上有人类居住地区的年平均温度是 17 ℃，按照统计规律，波动在 ±15 ％就会发生质的变化，即 17 ℃×0.15＝2.55 ℃，此结果与耗费巨资得出的结论是一致的。

作者在联合国工作时主持了 46 国 852 个案例的调研，取统计平均值制定了以下水资源丰欠标准及环境、生态维系的水资源标准，为世界银行、美国国务院，以及法国、意大利和越南等多国引用。1999 年 4 月，温家宝副总理在国务院会议上指出作者提出的"生态水"是提出了一个新概念，并于 1999 年 4 月 4 日在《为可持续发展提供水资源保障》（作者参加 1999 年中美环境与发展会议做首席发言的预案材料）上批示："此文可以适当形式摘发各地各部门参阅。干部需要经常了解有关人口、土地、水资源、环境保护等方面的知识，加深对国情的认识，增强实施可持续发展战略的自觉性。"自此，全国引用了该标准。

1. 人均水资源丰欠标准

以温带广大地区案例为主得出每人 2 000 立方米/1 700 立方米的阈值或称缺水警戒线。20 世纪 70 年代以前，原"弗肯马克（瑞典水文学家）标准"定为 1 700 立方米/人，后来由于社会经济发展的需求，在作者主持制定的标准中改为了 2 000 立方米/人。

"有了水资源，良好的生态就会得到保护，就会形成水资源的自然循环。"

应该指出，之所以不考虑区域之外的客水，是基于区域发展的生态水权观念，即该地区应该立足于自产水资源来保障可持续发展，而统计客水影响了客区的发展权，并且即使能保证引入水量，也难以保证引入水质。

当然也有一些像中国长江入海口的上海和英国泰晤士河入海口的大伦敦等城市，这些地区都是特例。日本人均水资源量高达 4 340 立方米，但由于河短流急，主要的部分入海，所以日本认为自己是缺水国家，也是特例。

按人均水资源占有量的水资源丰欠标准如表 1 - 2 所列。

表 1-2　按人均水资源占有量的水资源丰欠标准

水资源丰欠标准	人均水资源量阈值/立方米
丰水	大于 3 000
轻度缺水	2 000～3 000
中度缺水	1 000～2 000/1 700（原有阈值）
重度缺水	500～1 000
极度缺水	小于 500
保障可持续发展最低水资源量	300

2. 环境、生态维系的地表径流深标准

环境、生态维系的水资源标准是地表径流深，即

$$地表径流深 = \frac{区域水资源总量}{区域面积}$$

按水资源总量折合地表径流深来衡量生态系统，是联合国教科文组织根据上万例大小生态系统的统计分析得出的，它主要反映了自然规律，即地表径流深大于 150 毫米，为基本可维持原有植被的生态系统不蜕化的最低水资源量，可以承载适当的人类活动；小于 50 毫米，就是荒漠或者半荒漠的生态系统极其脆弱的地区，不适于较多人类居住，更不适于社会经济发展。

地表径流深为 150～250 毫米能够较好地维系当地的自然生态系统，对人类活动承载能力较强。地表径流深大于 250 毫米，则从水资源看比较适宜人类社会经济系统的发展。环境、生态维系的水资源标准如表 1-3 所列。

表 1-3 环境、生态维系的水资源标准

环境、生态维系的水资源标准	地表径流深/毫米
维系较好的森林植被	大于 250
维系乔、灌、草植被	150~250
维系草原植被	150~50
荒漠、半荒漠地区	50 以下

3. 植被与降雨的关系

在生态系统中的人类居住和在生产区内应保证足够的地表径流深，以保持 80% 以上的原自然生态系统的乔、灌、草植被和原来的物种结构。植被与降雨的关系如表 1-4 所列。

表 1-4 植被与降雨的关系

状况分区	降雨量/毫米	水资源总量折合地表径流深/毫米	产流系数	植被状况
十分湿润带	>1 600	—	—	热带雨林
湿润带	1 600~800	>400	>0.6	温带阔叶林
较湿润带	800~600	>270	>0.5	森林为主
半湿润带	600~400	>150	>0.4	乔、灌、草结合
半干旱带	400~200	>70	>0.3	草原为主
干旱带	200~100	>30	>0.17	稀疏植被
极干旱带	<100	—	—	荒原、沙生植被

4. 地下水埋深（Ud）

地下水层实际上是水生态系统中的"天然水库"，是水生态系统对枯、丰水年调节能力的主要指标，也是反映生态系统承载力的最主要指标之一，地下水埋深越浅，承载力越大。

5. 河流水利用率（Ru）

河流的流量是水生态系统优劣的基本指标，一般情况下，非季节性河流整条河道在任何时段都不能干涸，河道内应有保证 60% 的水质达标的水量，流量减少会直接影响其生态功能。极端的情况是断流，干涸的河道完全丧失了其原有的生态功能，断流的长度与时间反映了河流水生态系统恶化的状况。

工业化以来，人类建设了大量的水库、自来水厂和工厂等取水工程，这些工程必须按下述指标 6～10 予以控制，以保证河流不断流和下游地下水埋深不降低。

在上述研究中，作者创建河流河道处用水应低于年径流量 40%，跨流域调水应低于 20% 以维系水环境的取水和调水工程标准。其中除人均水资源标准中的原弗肯马克指标外，指标 2～4 项都是原弗肯马克指标中没有的，因而成为联合国系统第一次建立的水指标。

以下为水生态指标，更不在原弗肯马克指标之内。

6. 湿地指标

从科学上讲，大多数被称为湖泊（水深小于 3 米）和池塘的水域实际上都是湿地，湿地本身是水面大小和水的深浅都变化的水域。对于湿地的保障在于保护住科学划定的核心区，核心区水面不能减小，根据具体情况，水深在 2～3 年内的变化不能超过 1/3。

7. 地下水指标

地下水位直接反映了地下的水储量。到处都有地下水，中国有句俗语叫"山有多高，水有多高"。从理论上讲，地下水系统保护的标准即年际地下水位不下降，也就是说当年的地下水补给量应大于或等于抽取量。这样，在不发生恶性污染的情况下，就能保住地下水的水质，也保证了地面不沉降。如果地下水被污染，是十分难治理的。

8. 入海水量

河口地区是咸、淡水交替的地方，许多生物在此繁衍生息，具有很高的生态地位，入海水量的大小决定了河口地区的生态质量。入海水量应至少达到河流径流量的 10%。大家都知道，渤海的北戴河等地水域的水质已日渐恶化，保住这块度假宝地应从上游做起。

9. 水质指标

流域排污总量应控制在河流径流量的 1/40 以内，以达到自然稀释，对于超量的部分，一定要经过处理达标后才能排放。这既是科学标准，又是人文标准。

10. 调水指标

取用水一般应在本流域内进行，但在特殊情况下，可进行必要的跨流域调水，但调出地区的水资源总量折合地表径流深应大于

200 毫米，且当地人均水资源量应在 2 000 立方米/人的中度缺水线以上。可向水资源总量减去居民最低耗水量（300 立方米×居民总数）后，折合地表径流深小于 100 毫米的人口密集区调水。向北京调水的南水北调的源头不是丰水地区，因此从保护水调出地的人文主义出发，应按规划限调 10 亿立方米，而不是无限调水。

我们这个世界缺水吗?
——缺可利用的淡水

国际上一再提出我们这个世界将面临水危机。水危机会来吗？实际情况如何呢？

1. 世界缺水的现状

从上述缺水标准来看，我们这个世界是不缺水的。但问题出在多寡不均，许多国家和许多地区是缺水的。

1998—2007 年（水文准确资料一般滞后）10 年平均世界年人均水资源量为 7 450 立方米，但是巴西、俄罗斯、加拿大、美国、印度尼西亚、哥伦比亚和刚果 7 大丰水国就占了世界水资源量的 50%，其余国家年人均水资源量仅为 3 700 立方米（情况的发展与作者在联合国教科文组织主持制定的水资源丰欠标准十分吻合），而世界有 1/4 的人口缺水（即年人均水资源量小于 2 000 立方米），更有 7% 的人口处于极度缺水（即年人均水资源量小于 500 立方米）。

即使在俄罗斯、美国和巴西这些丰水国家，也有大片的缺水地区。同时，随着人口的增长和全球气候变迁，总趋势是人均水资源量继续下降，所以水危机是现实的，但程度不同。

依据缺水标准，世界上属于重度缺水的主要国家如表 1-5 所列。

表 1-5　　2011 年度世界处于重度缺水的主要国家

序号	缺水国	人口/百万人	可再生内陆淡水资源/（立方米·人$^{-1}$）	总水资源量/亿立方米	面积/万平方公里	地表径流深/毫米
1	埃及	82.5	22	18.15	100.15	2
2	沙特阿拉伯	28.1	85	23.885	214.97	1
3	以色列	7.8	97	7.566	2.21	34
4	巴基斯坦	176.7	311	549.537	79.61	69
5	阿尔及利亚	36	313	112.68	238.17	5
6	突尼斯	10.7	393	42.051	16.36	26
7	肯尼亚	41.6	497	206.752	58.04	36
8	乌兹别克斯坦	29.3	557	163.201	44.74	36
9	荷兰	16.7	659	110.053	4.15	265
10	苏丹	34.3	672	230.496	186.15	12
11	孟加拉国	150.5	698	1 050.49	14.4	730
12	南非	50.6	886	448.316	121.91	37
13	摩洛哥	32.3	899	290.377	44.66	65

目前，全球重度缺水国家的总人口超过 5 亿，占世界人口的 7%。其中肯尼亚、突尼斯、阿尔及利亚和巴基斯坦处于极度缺水状态，而以色列、沙特阿拉伯和埃及则处于可持续发展线以下。到

过肯尼亚的人可能对肯尼亚处于极度缺水状态感到疑惑，临维多利亚湖，又有大片野生动物保护区，为什么濒临极度缺水呢？主要原因是还有大片干旱地区和迅速膨胀的人口。

处于中度缺水（在原弗肯马克缺水警戒线以下），即水资源状况不如我国的国家就有很多了，而且拥有庞大的人口。2011 年度世界处于中度缺水的主要国家如表 1-6 所列。

表 1-6 2011 年度世界处于中度缺水的主要国家

序号	缺水国	人口 /百万人	可再生内陆淡水资源 /（立方米·人$^{-1}$）	总水资源量 /亿立方米	面积 /万平方公里	地表径流深 /毫米
1	比利时	11	1 089	119.79	3.05	393
2	乌干达	34.5	1 130	389.85	24.16	161
3	乌克兰	45.7	1 162	531.034	60.36	88
4	印度	1 241.5	1 165	14 463.48	328.73	440
5	加纳	25	1 214	303.5	23.85	127
6	捷克	10.5	1 253	131.565	7.89	167
7	韩国	49.8	1 303	648.894	9.99	650
8	德国	81.8	1 308	1 069.944	35.71	300
9	尼日利亚	162.5	1 360	2 210	92.38	239
10	波兰	38.5	1 391	535.535	31.27	171
11	埃塞俄比亚	84.7	1 440	1 219.68	1 104.3	11

这些国家共有 17.9 亿人口，占世界人口的 26%，再加上重度缺水国家，总人口占到世界的 1/3。如果算上我国（1 980 立方米/

人，在中度缺水的边缘），则总人口占到世界的 52%，也就是说全世界过半数的人口处于缺水状态。

2. 世界性水资源短缺将威胁国际粮食安全

目前世界粮食生产主要来自灌溉的农田，农民的灌溉用水来自河流或地下水蓄水层。蓄水层有两种类型：一种是通过降雨补给的，占多数，多为浅层水；另一种是千万年前存下的，是深层水，在百年的周期内不能再补充。我国华北平原下面的深蓄水层和美国西部大平原下面的奥加拉蓄水层，对地区发展具有更重要的战略意义。

随着粮食需求的不断攀升，对地下水资源开采的抽水量持续扩大，最终出水量开始超过降水对蓄水层的补给量，地下水位开始下降。实际上，靠过度抽水进行的粮食生产是不可持续的，当蓄水层枯竭而抽水量必然降到降水补给量时，这种生产就会断裂。

目前约有 18 个国家（它们拥有世界一半的人口）正在从蓄水层过量抽水。其中包括中国、印度和美国三大粮食生产国以及其他几个人口众多的国家，如埃及、伊朗、巴基斯坦和墨西哥等国。

过去 20 年，其中几个国家因过度抽水导致蓄水层即将枯竭，水井干涸。他们的过度抽水超过了可用水的极值，使地下蓄水层就要枯竭，水井正在干涸，粮食产量不断萎缩。沙特阿拉伯、叙利亚、伊拉克和也门等国家的粮食生产已随着水源的短缺而下降。

在实现小麦自给自足的 20 多年后，2008 年初沙特宣布，由于蓄水层基本枯竭，他们每年将减少小麦种植的 1/8，直至 2016 年停止种植小麦。到那时，沙特预计将进口大约 1 500 万吨小麦、大米、玉米和大麦，才能养活其 3 000 万人口。它是第一个公开预测蓄水层枯竭将导致其粮食产量萎缩的国家。

其他人口更多的国家，如伊朗、巴基斯坦和墨西哥，也接近或超过用水的极值。在拥有 8 100 万人的伊朗，由于 2007—2012 年间灌溉井开始干涸，其粮食产量下降了 10%，目前的粮食产量有 1/4 是靠过度抽水。

巴基斯坦的人口是 1.77 亿，而且每年增加 2.8%，其灌溉用水大多来自印度河，同时也在开采地下水。在巴基斯坦的肥沃的旁遮普平原，其地下水位下降与印度恒河流域发生的严重的水位下降很相似。巴基斯坦已成为世界上供水最紧张的国家之一，由于人口的高增长，这种状况将使其成为严重缺水的国家。

墨西哥现有人口 1.09 亿，且还在增长，用水供不应求。墨西哥城的水问题众所周知，即使农村地区也存在缺水问题。在瓜纳华托州，地下水位一年下降 2 米以上。在西北部的索诺拉州，农民过去从深度 10.7 米的埃莫西约蓄水层抽水。今天他们抽水的深度已经达到 122 米。墨西哥的供水似乎已达到极值，粮食产量的极值将随之达到。

印度缺水的程度更加惊人，粮食缺口非常危险。印度每年增加 1 800 万人，而有一半以上的灌溉依赖地下水，印度粮食供应的一半以上是靠开采地下水生产的。7 亿印度人现在是靠利用不可持续的水资源生产的粮食来养活。由于对钻井没有限制，农民们已经钻了大约 2 100 万个灌溉井，正在抽取巨量的地下水。用电得到大量补贴的电力泵正使地下水位加速下降。受影响最严重的邦包括北部旁遮普邦、哈里亚纳邦、拉贾斯坦邦和古吉拉特邦以及南部的泰米尔纳德邦。

印度政府认识到地下水位下降的政治意义，将蓄水层枯竭的数据列为机密，拒绝公开。

在人口为 7 200 万的泰米尔纳德邦，由于地下水位下降，造成各地水井干涸。泰米尔纳德邦农业大学的库蓬拉里·帕拉尼萨米报告说，由于地下水位下降，小农户的水井 95％干枯无水，该邦灌溉面积在过去 10 年减少了一半。

在一些邦，用电量有一半是用来抽取深达 1 公里的地下水，这些邦的停电现象非常普遍。在印度，由于地下水位下降，钻井队正在使用经过改造的石油钻探技术来打水井，有些地方要钻 800 米甚至更深。在地下水源完全枯竭的地区，农业生产完全靠天吃饭，而饮用水必须靠卡车运来。

在美国的西部大平原也存在同样的问题，包括几个主要的产粮州，如得克萨斯州、俄克拉荷马州、堪萨斯州和内布拉斯加州等，农民们抽水过度。这些州的灌溉农业发展蓬勃，但用水取自奥加拉蓄水层，这是一个巨大的地下水水体，从内布拉斯加向南绵延到得克萨斯州狭地。但这是一个化石蓄水层，不能补给，一旦耗尽，水井就会干枯，农民要么恢复旱地农业，要么彻底弃耕。

在灌溉用水取自奥加拉蓄水层的各州，水井开始干涸。得克萨斯是种粮和养牛的大州，位于奥加拉蓄水层浅水的一端，其灌溉面积 1975 年已达到极值，但自那时以来已经减少了 37％。在俄克拉荷马州，其灌溉面积 1982 年达到了极值，自此之后已经减少了 25％。在堪萨斯州，灌溉面积的极值直到 2009 年才到来，在此后的 3 年间，其面积急剧减少，降幅近 30％。内布拉斯加州的灌溉面积在 2007 年达到极值，从那时起，其粮食收成减少了 15％。尽管蓄水层枯竭正在导致几个关键州的粮食减产，但是目前尚未造成美国全国粮食减产，不过已构成了严重威胁。

中亚地区的气候不断变化，作为主要水源的高山冰河的面积逐渐减少，一些地方减少到 20％。但中亚人口每年大量增加，因此不仅农业，而且开采业、加工业和其他工业部门的用水需求必然大量增加。水资源短缺将造成更多问题。

综观世界，缺水对全球的粮食安全是巨大的危险。

3. 国际上对水资源的一些极端看法

各国普遍认为水正在成为世界下一个主要的安全和经济挑战。尽管现代没有因为水而发起战争，但是水已经成为一些武装冲突的潜在推动因素。随着人们享有廉价、丰沛的水的时代让位于水资源供应和生活品质日益下降的时代，发生水战争的可能性正在增加。

避免水战争要求人们进行以规则为基础的合作，对水进行共享，并建立争端解决机制。然而现在尚无生效的国际水法则，大部分地区签订的水协议都没有约束力，缺乏监督和实施规则，也没有在使用者之间分配水资源的正式条款。更严重的是，单边主义盛行于这个干旱的世界。

美国《全球主义者》在线杂志 2013 年 7 月 11 日发表题为《青藏高原：世界 21 世纪的水战场》的文章称：

"青藏高原平均海拔 4 500 米，拥有得天独厚的淡水资源，蕴藏在高耸冰川和巨大的地下水库之中。青藏高原实际上是除了南北极外最大的淡水贮藏地，因此得名'第三极'"。

青藏高原是世界第三大淡水源，它向十多个国家的 15 亿人口提供水源。针对用水权利的冲突，可能会在 21 世纪危及亚洲的未来。许多世界上最大的河流均源自青藏高原，包括黄河、长江、湄公河、萨尔温江、萨特莱杰河和布拉马普特拉河（雅鲁藏布江印度段）。更重要的是，目前全球人口几乎有半数生活在青藏高原水系流域。

中国水资源安全的基本内部问题是从青藏高原将国家西部的淡水转移到其北部和东部人口密集的工业区。这导致纷纷修建水坝、运河、灌溉系统、管道及引水工程。中国在过去五年内修建的大坝已经比全世界其他地区加起来的数量都多，主要是为了将河流的水量从南部引入北部与东部地区。

此外，还有一些极端文章提及了澜沧江——湄公河流域和中亚的国际河流，这里就不赘列举了。

为什么我国水安全总体形势严峻？
——水资源禀赋先天不足

我国总体水资源禀赋先天不足，水安全形势严峻，近 13 年的人均水资源量平均值已从轻度缺水跌入中度缺水行列，而在 2030 年人口达到峰值时，将跌过联合国原标准的缺水警戒红线。

关于我国的缺水，既然要认真地解决，就要有准确的认识，不能你抄我传，草率地在媒体上提供。比如，有的说："中国是世界上 20 个最缺水的国家之一。"其实是作者曾工作过的联合国教科文组织对世界上 20 个国家做水资源研究，中国在其中入缺水行列。又有的说："中国是世界上 13 个最缺水国家之一。"显然其根据不对，即便在千万人口以上的国家中，中国也不是 13 个最缺水的国家之一。

1. 我国水资源禀赋先天不足

1950—1999 年我国水资源总量的年统计平均值为 27 950 亿立方米。2000—2012 年有所下降，年平均为 26 316 亿立方米，下降了 5.8％，在统计波动的正常范围内，但我国 1949—2012 年的年均水资源总量已为 27 613 亿立方米。

由于我国人口增长较快，人均水资源量呈下降趋势是明显的，2000—2012 年的平均值仅为 1 836 立方米/人，已经进入中等缺水国家行列。考虑到单独二胎的新计划生育政策，以到 2030 年我国人口峰值为 15 亿计，按我国年降水量为前 13 年的水平，即变化量为 5％计，则届时我国人均水资源量将为 1 667～1 842 立方米，按下限考虑，已降入联合国原定的 1 700 立方米/人的警戒线，水资源短缺的问题将日趋严重，提高水安全水平的问题已经提上日程。

目前我国总缺水量近 600 亿立方米/年，占用水总量的 11％。而在北方不少地区缺水超过 30％，严重影响了工农业生产与居民生活。我国 2/3 城市的水资源短缺状况日益严重，全国城市每年总共缺水 400 亿立方米。据世界银行估计，缺水使我国每年至少损失 2.3％的 GDP。

从水资源对环境和生态的承载能力来看，我国水资源量折合地表径流深为 292 毫米，远远超过温带国家维系有植被生态系统的 150 毫米最低标准。与此同时，我国有天津、河北、山西、内蒙古、甘肃、青海、宁夏和新疆 8 个省、自治区、直辖市水资源量折合地表径流深低于 150 毫米，不足以维持全境有植被的生态系统，这些省、区、市的总面积达 442.6 万平方公里，占我国总面积的 46％，几乎是半壁江山。随着全球气候变迁，这种态势不会有太大的变化；从经济实力和高技术的发展预测来看，在中近期，也就是30年以内，有人为的总体改观是不可能的；即使是50年以后，上述省、区也只能是尽可能地恢复原有生态系统，而难以改变现代自然生态系统的总体状况。

2. 水污染使水问题更为严重

近年来，我国经济社会发展付出了过大的水环境代价，2013年，在7大流域国家的控制断面中，劣Ⅴ类水仍占10.8%。

目前我国水环境污染的严重趋势未得到遏制，水功能区划水质达标的仅占48%，也就是说全国过半水域的水质不合格，严重影响了人民的健康以至子孙后代。目前我国水生态系统恶化已接近难以修复的临界，北方河流断流、湿地干涸、池塘消失已是普遍现象。在中国农村，近亿人无法获得安全的饮用水。

我国的人均水资源只有世界平均水平的26%，而且水资源分布十分不均。我国北方居住着全国约40%的人口，拥有全国近一半农田，创造全国50%以上的GDP，但它的降水量只占全国总量的12%。相比之下，中国南方虽然有较充裕的降水，但严重的水污染和急剧恶化的水环境大大削弱了南方的水资源优势，在许多地区已造成"水质型"缺水，即达到使用要求的水源不足。

我国严重的水污染加剧了水危机。南方90%以上的取水量来自地表水，但约1/4的地表水污染严重。2010年全国废污水的排放总量达到750亿吨，河流水质的不达标率接近40%。我国水污染事故近几年每年都在1 700起以上。上亿亩土地在用污水灌溉，从而对农作物产量及粮食的质量和安全产生了较严重的影响，同时还会引发多种疾病。

更为严重的是居民饮用水的安全问题。据环保部最新全国大规模调查的结果显示，我国有 2.8 亿居民正在使用不安全的饮用水，占全国人口的 20.6%，即 1/5 以上，如果考虑到大部分是城镇居民，则 1/4 以上的城镇居民正在使用不安全的饮用水。全国有 1.1 亿居民与重点排污企业相邻。

3. 水资源浪费现象严重

我国严重依赖灌溉，近 4/5 的粮食收成来自灌溉的土地，农业用水占我国水消耗总量的 62%。中国约 2/3 的可耕地位于常年干旱的北方，但灌溉效率不高，用于灌溉的水只有不到一半真正流入农田浇灌了作物。城市里也在严重浪费水——约 20% 的城镇用水因管道漏水而流失。随着城镇化的推进，供水挑战肯定有增无减，城镇居民的生活用水量是农村居民的 2 倍。

工业用水浪费严重：工业用水占我国水消耗总量的约 1/4，每单位 GDP 的用水量是其他有竞争力经济体的 4～10 倍。中国工业用水的最大一部分用在能源上：仅煤炭开采、加工和消耗就占了工业水消耗总量的近 20%。据估算，到 2020 年，煤炭行业用水将达到 1 880 亿立方米，为总用水量的 28%。水力发电用水约为 5%。在未来 10 年内，我国的水消费量将达到年均 6 700 亿立方米，每年比现在多 710 亿立方米，在很大程度上，水消费量的增加是因为煤电产量的增加。

4. 解决地下水问题迫在眉睫

2001—2002 年国土资源部进行了地下水调查，在我国 197 万平方公里的平原地区，浅层地下水中的优质水（Ⅰ类和Ⅱ类）仅占5％，不能饮用的水（Ⅳ类和Ⅴ类）则已高达 59.5％，而我国有60％以上的人口饮用地下水。2009 年地下水开采 109.8 亿立方米，占总供水量的 18％。上述形势严重影响了我国的水安全，直接损害了人民的健康。

1949—2014 年以来，北京地区的地下水位下降了 30 米以上，2010 年，北京不少地区要钻下 100 米才能达到蓄水层，比 20 年前深了 5 倍。世界银行有关中国水资源状况的一份报告反映，如不尽快使用水和供水恢复平衡，"子孙后代将遭受灾难性后果"。2010 年在地下水状况受监控的 182 个城市当中，一半以上城市的水质为"差"或"极差"。

尽管我国幅员辽阔，但各地水情差异很大，要想保证水安全，"以水资源的可持续利用保障可持续发展"（作者提出的《21 世纪初期首都水资源可持续利用规划（2001—2005)》的主旨，在 2001 年的国务院总理办公会议上温家宝副总理说："这句话讲的好"，继而成为水利工作的方针。）已经成为并应继续成为用水的指导思想。

我国各地域水安全形势如何？
——已对社会经济发展构成严重制约

我国东南西北的水态势可以用"危机四伏"来形容，已对社会经济发展构成严重制约。

1. 为什么我国华北属"资源性"缺水？

2010 年我国华北等地水资源状况如表 1－7 所列。

表 1-7 2010 年我国华北等地水资源状况

地　区	人口/万人	面积/万平方公里	水资源总量/亿立方米	地表径流深/毫米	人均水资源量/（立方米·人$^{-1}$·年$^{-1}$）
北京	1 962	1.68	23.1	109.4	117.7
天津	1 299	1.1	9.2	222.7	70.8
河北	7 194	19	138.9	62.7	193.1
山西	3 574	16	91.5	42.2	256.0
山东	9 588	15	309.1	116.3	322.4
河南	9 405	16	534.9	104.3	568.7

从表 1-7 可以看出，我国华北各省市和山东、河南已处于极度缺水状况，其中天津、北京、河北和山西已低于维系可持续发展的 300 立方米/（人·年）的下限，水资源状况已与沙特阿拉伯、以色列和巴基斯坦这些世界上最缺水的国家为伍。我国这些地区的总人口占全国的 24.6%，也就是说全国有 1/4 的人口处于极度缺水。

人们会问，在这些地方为什么看不到沙特阿拉伯和以色列那种缺水的景象呢？原因很简单，就是我们以大量超采地下水来维持今天的表象。而这些地区的地表径流深（降雨形成）都远低于维系温带良好植被的 250 毫米，因此植被也与人抢水，所以这些省市面临着资源性缺水和生态缺水的双重压力。如果这样持续下去，最终的结果就是在几十年后这些地区变成沙特阿拉伯和以色列的景象。

同时，辽宁和安徽的人均水资源量分别仅为 1 250 立方米和 1 177 立方米，也处于缺水警戒线之下。此外，我国有 2/3 的城市缺水，其中不少并不在上述省市，因此，我国面临资源性缺水的人口超过 30%。这些省市已经极度缺水，其中特大城市的自产水资源少、人口多，所以对 500 万人以上特大城市的人口一定要严格控制，否则当地水资源将无法承受。

2. 为什么我国西北属"生态型"缺水？

我国西北的各省区和内蒙古自治区属于"生态型"缺水，即地表径流深低，不足以维系良好的植被，因此有大片沙漠或荒漠。我国西北等地的水资源状况如表 1 - 8 所列。

表 1 - 8　我国西北等地的水资源状况

地　区	陕西	甘肃	宁夏	青海	新疆	内蒙古
地表径流深 /毫米	234.7	52.0	13.5	100.2	64.0	21.9

我国西北的各省区和内蒙古自治区，由于人口密度相对较低，所以人均水资源量还达不到重度缺水。但是，人口都集中在城市和绿洲，如果仅看这些地区的人均水资源量，则也很低，同时也属资源性缺水。

更为严重的是，这些地区的地表径流深很低，除陕西和青海外均低于 100 毫米，就连草原植被都难以维系，是严重的生态型缺水。这些地区的面积占我国国土总面积的 44.4%，将近 1/2，占我国人口的 9.1%。

在这些地区，由于水资源所限，所以它们存在的不是开垦荒地的问题，而是维系绿洲的问题。这里曾是丝绸之路的主通道，而丝绸之路的兴衰史就是沿线城镇的兴衰史，丝绸之路在历史上几起几落有多种原因，其中最主要的原因之一就是人口膨胀和经济发展使当地水资源无法承载，最后是"人走城弃"，这一历史的教训一定要在新型城镇化过程中吸取。

3. 为什么我国南方属"水质型"缺水？

2001 年作者在上海考察，提出"上海也缺水"，令不少人大惑不解，上海临着滚滚长江怎么能缺水呢？上海是另一种缺水——"水质型"缺水，即达到使用要求的水严重短缺，当时的上海市领导完全同意并采用了这个新概念。对于人民的需求来说，"缺"都有量缺和质缺两种短缺，"以人为本"就要解决这两类"缺"的问题。

仍以 2010 年为例，上海、江苏、浙江、湖南和广东河流的水体水质分类如表 1-9 所列。

表 1-9　2010 年上海、江苏、浙江、湖南和广东水分类河长占评价河长的百分比

%

省　市	Ⅰ类	Ⅱ类	Ⅲ类	前三类总和	Ⅳ类	Ⅴ类	劣Ⅴ类	后两类总和
上海	0.0	23.5	0.0	23.5	28.6	13.7	34.2	47.9
江苏	0.0	8.0	23.9	31.9	29.9	19.2	19.0	38.2
浙江	1.8	27.0	29.1	57.9	11.5	6.3	24.3	30.6
湖南	0.0	28.7	48.4	78.4	4.0	5.7	13.2	18.9
广东	3.6	42.7	23.3	69.6	15.3	4.7	10.4	15.1

Ⅰ类水是可以直接饮用的水；Ⅱ、Ⅲ类水可以进入自来水厂加

工后饮用；Ⅳ类水可以灌溉；Ⅴ类水勉强作景观用水，但人已不能下水，并会对生态系统造成危害；劣Ⅴ类水则无使用功能，而且会严重危害水生态系统。

从表1-9可以看出，上海有可成为饮用的水不到1/4，江苏不到1/3，而破坏水生态系统的水则分别占到近半和近4成，水质问题已十分严重。杭州的劣水也已达3成，"上有天堂，下有苏杭"的鱼米之乡已成为历史。至于"湖广熟，天下足"的粮仓，劣水都已超统计规律15%的下限。"水是流的，鱼是游的"，因此从总体而言，这些省市的水已是差水质水体，而这些省市的人口共占我国总人口的24.3%。

4. 为什么我国西南属"工程性"缺水

我国西南的水资源状况总体较好，但贵州和云南的Ⅴ类和劣Ⅴ类水之和也已分别达到23.9%和17.7%，滚滚的乌江和澜沧江的清水也面临着威胁。

西南一方面水资源相对丰富，另一方面贵州、云南和四川的部分地区又都出现过季节性干旱缺水。这属于"工程性"缺水，应该在这些流域通过适量地、科学地增修生态水库和蓄水来解决这个问题。

值得一提的是，我国现在只剩下海南、西藏、重庆、青海和新疆这五区属清水区，详情如表1-10所列。

这些省区仅在我国属于好水区，而与世界最好的苏格兰地区92%的Ⅰ～Ⅱ类水的绿水青山的差距是显而易见的。

这其中，海南在短短的20年内已经失去了Ⅰ类水；西藏则在短短的10年内出现了劣Ⅴ类水，令人不安；重庆过境水量极大，情况比较特殊，但有 6 成的Ⅲ类水，说明污染问题已比较严重；青海和新疆虽然目前状况尚可，但由于河流水量较小，所以一经污染就很难自净。这都是在新型城镇化过程中值得高度重视的问题。

表 1 - 10　　2010 年海南、西藏、重庆、青海和新疆
水分类河长占评价河长百分比

%

省　　市	Ⅰ类	Ⅱ类	Ⅲ类	前三类总和	Ⅳ类	Ⅴ类	劣Ⅴ类	后两类总和
海南	0.0	83.1	14.8	97.9	2.1	0	0	0
西藏	8.6	53.8	37.0	98.4	0.2	0	0.4	0.4
重庆	0.0	40.8	59.2	100.0	0	0	0	0
青海	63.3	14.9	10.2	88.4	4.6	1.8	5.2	7.0
新疆	25.9	61.9	10.7	98.5	1.4	0.1	0	0.1

综上所述，我国 2/3 以上的人口面临着水资源短缺、水污染严重和水生态系统退化的威胁，其中至少 25％的人口面临着三重叠加的威胁。由此可见，我国的水安全形势是十分严峻的。

你了解水吗？
——"上善若水"

每个人都喝水、用水、爱水，离不开水，但都不一定对水有全面、科学的了解。中国古代就对水有深刻的认识，老子说："上善若水"，意思是水滋润万物，善待万物，万物都从水中受益。但是，自古也有"洪水猛兽"之说，不过洪水为客，主要还是因为人没有

与水和谐，侵占了自然河道造成的。当代水污染又成为灾害，更是由于人为排污的结果。要恢复"上善若水"，人只有善待水。

1970 年联合国教科文组织（UNESCO）把自然生态这个大系统分成五个子系统：岩石圈、水圈、大气圈、土壤圈和生物圈，生物圈在这五个自然圈的界面上，是地球表层生命存在的部分，是地球上最高层次的生态系统，而这个生态系统靠水圈、大气圈、土壤圈和岩石圈支撑。

1. 地球水圈

水圈是指地球表层附近的水体，包括地球上所有形式的水，如海洋水、河流水、湖泊水、湿地水、水库水和冰川水等，以上称地表水；赋存于土壤中包气带的水称为土壤水；包气带以下、基岩层以上，可以自由流动，并具有水位或水头形成流层的称为地下水；生物体内的水称为生物水；大气中的水蒸气称为大气水。水圈中的水并不是静止不动的，而是处于不断的运动之中，存在着明显的水文循环现象。水圈与其他圈层之间处于相互联系、相互渗透和相互作用之中。

生物圈是指地球上生物（动物、植物和微生物）生存和活动的范围。在大气圈 10 公里的高空、地面以下 3 公里的深处以及深、浅海都发现有生物存在。

2. 水文循环

地球上的水不断从水面和陆面蒸发，变为水汽升上高空，被气流输送到其他地区，在适当的条件下凝结，然后又降到地面。水的这种不断蒸发、输送、降落，无始无终，往复循环的过程就称为水循环。形成水循环的内因是水的物理三态即气态、液态和固态的相互转化，外因是太阳辐射和地心引力。此外，地形、地质、土壤和植被等对水循环也有一定影响。

自然界水循环按其涉及的地域和规模可分为大循环和小循环，如图 1-1 所示。从海洋上蒸发的水汽被气流带到大陆上空，遇冷凝结，形成降水；到达地面后，其中一部分直接蒸发返回空中，另一部分形成径流，从地面及地下汇入河流，最后注入海洋，这种海陆间的水分交换过程称为大循环。在大循环过程中，陆地上空也有水汽向海洋输送，但与海洋向陆地输送的水汽相比，数量甚微，因此总的来说，水汽是由海洋向陆地输送的。

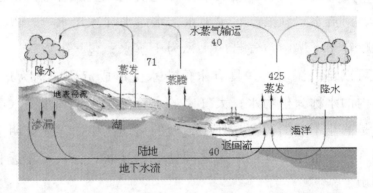

图 1-1　水文循环示意图（单位：万亿立方米/年）

在海洋上蒸发的水汽中，有一部分在空中凝结成水又降落回海洋，或从陆地蒸发的水汽在空中凝结后又降落回陆地，这种海洋系统或陆地系统的局部水循环称为小循环。前者称为海洋小循环，后者称为内陆小循环。

地球上的水循环通过四条主要途径完成，即降水、蒸发、水汽输送和径流。水循环使水处于不停的运动状态之中，但其循环并非是以恒定的通量稳定地进行，它有时剧烈，以致大雨倾盆，江河横溢；有时相对平缓，几乎停止，以致久旱不雨，河流干涸。表 1－11 列出了全球水循环中降水、径流、蒸发三个主要环节的动态水量。

表 1－11　全球水循环状况

区　域	面积/万平方公里	水量/10亿立方米		
		降　水	径　流	蒸　发
全球海洋	36 100	458 000	47 000	505 000
全球陆地	14 900	119 000	47 000	72 000
全球	51 000	577 000	—	577 000

值得说明的是，不同的淡水体和海洋循环更新的时间是不相等的，有的更新时间较长，有的更新时间极短，表 1－12 是各类淡水水体的更新周期。

表 1－12　淡水水体更新周期

水　体	更新周期/年	水　体	更新周期/年
永久积雪	9 700	沼泽水	5
海水	2 500	土壤水	1
地下水	1 400	河　流	16
湖泊水	17	大气水	8

不管地球上的水如何运动和更新，但从总体上看水量是平衡的，它遵循着质量守恒定律。表 1－13 是全球年水量平衡表。

水是地球极其丰富的自然资源，也是生物生存不可替代的环境资源，它成为现代社会可持续发展的关键因素之一，水以气态、固态和液态这三种基本形态存在于自然界之中，且分布极其广泛。

表 1 - 13   全球年水量平衡表

分 区		面积/10⁶ 平方公里	水量/万亿立方米			水深/毫米		
			降 水	径 流	蒸 发	降 水	径 流	蒸 发
海洋		361	458	−47	505	1 270	−130	1 400
陆地		149	119	47	72	800	315	485
陆地	外流区	119	110	47	63	920	395	529
	内流区	30	9	—	9	300	—	300
全球		510	577	—	577	1 130	—	1 130

水资源有哪些基本特性？

"水资源"是一个科学概念。

1. 什么是"水资源"

在国外，较早采用"水资源"这一概念的是美国地质调查局。1894 年，该局设立了水资源处，其主要业务范围是对河川径流和地下水进行观测。1963 年，英国通过了《水资源法》，在该法中将水资源定义为"具有足够数量的可用水"，反映了当时认为水资源可以以需定供的模糊认识。在《英国大百科全书》中，水资源被定义为"全部自然界任何形态的水，包括气态水、液态水和固态水"。此定义被广泛引用。

1977 年联合国教科文组织定义"水资源应指可利用或有可能被利用的水源，这个水源应具有足够的数量和可用的质量，并能在某一地点为满足某种用途而可被利用。"这一定义特别说明在某一地点为满足某种用途而可被利用，而不是泛指全球，从英文 Resource 的含义讲是正确的，但在中文中容易引起歧义。

作者试着对"水资源"定义如下："目前水资源是指在地球上，可以自然更新，人类可以评价和利用的，以各种形式存在的陆地水"。

《中华人民共和国水法》第 2 条规定："本法所称水资源，是指地表水和地下水。"可以称为是对水资源的狭义定义。

水资源指属于地球水圈的淡水部分，也包括了大气圈中的水汽，其本身又分为大气水、地表水和地下水三类，它们构成了陆地的淡水系统。水资源是人类生产和生活不可缺少的自然资源，也是生物赖以生存的环境资源，随着水资源危机的加剧和水环境质量的不断恶化，水资源短缺已演变成世界备受关注的资源环境问题之一。

1996 年作者在全国人大工作时主持了《中国资源报告》的撰写工作，把自然资源分为十大类：土地、水、森林、草原、湿地、能源、矿产、气候、物种和旅游（包括自然和人文两类资源）。

水是生命之源，它和土地一起构成地球上十大自然资源中的基础性资源。土地、水和能源又是战略性的经济资源。

水是水生物种和旅游等多种资源的载体，又是土壤、森林和草原等多种资源的保障资源，水资源影响到气候资源，水本身又是能源。国际上有"19 世纪争煤，20 世纪争石油，21 世纪可能争水"以及"21 世纪国际投资与经济发展，一看人，二看水"的说法，说明水可能成为可持续发展的最大资源制约因素。同时，水还是少有的可能为害的资源，而且深层地下水还属于不可再生资源，这些都是水资源不可忽视的特性。

2. 水资源的基本特性是什么

要想了解水，首先要知道水的基本特性。

（1）水资源是基础性的自然资源

水资源是支撑可持续发展的土地、水、森林、草原、矿产、能源、海洋、气候、物种和旅游十大资源中的母体资源，是基础性的自然资源。

（2）水资源具有循环性

水圈中的水并不是静止不变的，而是处于不断的运动之中，存在着明显的水文循环现象。水文循环可以分为大循环和小循环两种基本形式。水文大循环就是水在陆地、海洋、大气中的相互转化。小循环就是水在上述三种介质的任意两种之间的相互移动。但不同的淡水和海洋，它们正常更新循环的时间是不相等的。

（3）水资源的部分不可再生性

地球上的水资源总量达 138.6 亿亿立方米，极其丰富。其中96.5%是海水，约覆盖地球总面积的71%，但因含盐量高，通常不能作为淡水资源直接利用。而可恢复的淡水资源仅有 4.7 万亿立方米。由此可见，尽管地球上的水是取之不尽的，但适合饮用的淡水水源则是十分有限的。

水资源总量的 30.1%以上是地下水，其中大部分是浅层地下水，它可以和地表水互相转换，但超采也会产生不同程度的地面沉降等生态蜕变，而且有的地下水需要较长时间才能补给，因此对人的生命周期和生产周期而言是不可再生的。

（4）水资源时空分布的不均匀性

水圈是由地球地壳的表层、表面和围绕地球的大气层中的液态、气态和固态的水组成的圈层，它是地球的岩石圈、水圈、大气圈、土壤圈和生物圈中最活跃的圈层。在水圈内，大部分水以液态形式存在，如海洋、地下水、地表水（湖泊、河流）和一切动植物体内存在的生物水等，少部分以水汽形式存在于大气中形成大气水，还有一部分以冰雪等固态形式存在于地球的南北极和陆地的高山上。从表1-1可以看出，地球上的水量是极其丰富的，但水圈内水量的分布是十分不均匀的，大部分水储存在低洼的海洋中，占96.54%，而且97.47%（分布于海洋、地下水和湖泊水中）为咸水，淡水仅占总水量的2.53%，且主要分布在冰川与永久积雪（占68.70%）和地下（占30.36%）之中。如果考虑现有的经济和技术能力，扣除无法取用的冰川和高山顶上的冰雪储量，理论上可以开发利用的淡水不到地球总水量的1%，实际上，人类可以利用的淡水量远低于此理论值，主要是因为在总降水量中，有些是落在无人居住的地区如南极洲，或者降水集中于很短的时间内，由于缺乏有效的水利工程措施，因此很快便流入海洋之中。

水是随时间变化明显的资源。由于水资源的再生主要依靠降雨，因此水资源在人类经济活动的短周期内不是恒定的资源，它会依不同地区在年内和年际的变化而有不同程度的变化，有时甚至变化十分剧烈。

（5）水资源具有利害两重性

水既可兴利，又可为害。不适当的水量和不合格的水质可能酿成非常严重的灾害。洪水会导致工农业设施和人民生命财产的巨大损失；水资源污染会造成环境恶化、生态破坏及其他公害。发生的水害主要是由水资源的自然属性与人类社会对水的需求之间的矛盾引起的。

（6）水资源具有不可替代性

世界各国国民经济的各部门和人民生活都离不开水。科学技术发展到今天，人类虽然已能人工合成胰岛素和化学纤维，且人工心脏和人工智能等也相继出现，但从实用意义上说，却还是不能人工造水，因此水资源是没有任何其他物质可替代的战略性的经济资源。随着人口的增长、经济的发展以及人类物质文化生活水平的提高，人类社会对水的需求也日益增长，水资源已经成为经济发展的一个重要的制约因素。

（7）水资源有固、液、气三相

水资源是十大资源中较少见的有固、液、气三相的资源。其中气相，即在大气中的水蒸气，人类目前还无法自由利用。水资源中的 69.5% 以冰川和永久性积雪形式存在，其中绝大部分还难以利用。主要的水体呈液相，因此，水又是一种流动性的资源。

仅占淡水总量不到 0.4% 的江、河、湖、库水资源又具有流动性，给按地域的权属界定和管理带来了很大的困难。

（8）水是一种在质上十分容易受侵害的资源

与其他自然资源相比，水是一种在质上十分容易改变、容易被侵害的资源，人类可以在 0.1 秒的时间内轻易地使水变质。

（9）水资源状态脆弱且难以恢复

水生态系统脆弱，水资源和水环境十分容易受到取水过度、超量污染等人类活动的破坏，而且自恢复能力很弱。

（10）水资源是难以跨区域和国际交换的资源

显而易见，由于对水资源使用量大，并且以液相形式使用，因此运输十分困难，再加上使用的经常性，使之成为难以进行跨区域交换和国际交换的资源。

水资源、水环境和水生态三者之间是什么关系?
——不可分割

简单地说，水资源指人可以利用的水，利用主要指在生活与生产上的利用。水环境指人类生存和生产活动范围内的水体，它依人类的活动和感觉而定，人类可以改造和治理它。水生态则是指自然界的水生态系统，首先从科学上以流域划分，它的存在不以人的主观意志为转移，就像迄今为止人类未造出具有规模的人工生态系统一样，人类也不能制造水生态系统;其次水生态系统是一个生命共同体，它还包括水生动植物和微生物。

从可持续发展的观点来看，水资源的核心问题是水的供需平衡。水环境主要指江、河、湖、库等水体根据功能区划分对合理排污有否自净能力。水生态是指在一定的生态区域内，必须保持一定量的空中水、地表水、土壤水和地下水，而该地区的生态系统必须具有涵养这些水源的能力。

水资源、水环境与水生态三者之间，水资源是"源"，水生态是"基"，水环境是"表"。从理论上把"水资源"与"水环境"割裂开是重大误区，没有"水资源"，哪来的"水环境"?将水资源与水环境在利用、治理和管理上的分割，已经带来了巨大的危害。"水生态系统"是基础，没有一个良好的水生态系统，水资源将无法满足人从量和质上对水的需求；没有一个良好的水生态系统，水环境将失去自净能力，光靠人为治污是无法保证良好的水环境的。"皮之不存，毛将焉附"，所以，系统的、全方位的水生态建设更重要，单纯的水环境污染治理是只治水环境的"标"，而没有建设水生态系统之"本"。

对于"水资源"、"水环境"和"水生态"三者之间的关系，由于理论认识的误区造成了管理部门的分割。今后在理清理论、达成共识的基础上，应首先统一立法，以法律保证为基础，进行管理体制的改革，改变干部、群众提出多年的"九龙治水"，形成科学治水的合力，建立责任制，为国家和人民保住"水安全"。作者在任时提出的"城市水务局"涉水事务统一管理体制，在 12 年后已在全国一半以上的管水单位实行；但还缺少法律保障，应建立《水资源管理法》。

世界上最受关注的水问题

什么是世界上最受关注的水问题呢？有很多，这里只择列 7 个。

为什么在全球变暖的同时，陆地变得干旱？
——科学家的责任

目前，全球气候变暖，蒸发增加，应该会使降雨量增加，可是为什么全球反而出现干旱的趋势呢？

工业革命以来，温室气体大量排放所产生的温室效应已被越来越多的人承认，尽管 20 世纪 0.8℃ 的平均温升尚不能说明问题，但是如果 21 世纪 2.0～2.4 ℃ 的温升成为事实，则肯定是气候变暖了。

目前，全球气候变暖已经成为全球气候变迁（global climate change）的主要趋势，而且被认同。20 世纪的地球表面平均温度比有记载以来的平均值上升了 0.8 ℃，这一增加在统计波动平均范围之内；但是，如果考虑到这一增加主要是在 20 世纪的后半叶，而且 20 世纪 5 个全球平均气温最高的年份都在后半叶，那么这个问题就十分值得重视了。同时，几个全球权威机构预测 21 世纪全球气温最多可能升高达 2.5 ℃，英国首相布莱尔和美国前副总统戈尔在任时均引用了这一数据，说明了它的被认可程度。

根据上面的分析，全球气候变暖加大了海洋和陆地水的蒸发，这些水蒸气总是要降下来的。那么，为什么全球陆地的气候又趋于干旱呢？据作者所知，这是本人最先提出来的问题，一经提出，便受到广泛关注。

作者在世界水论坛暨部长级会议上请教了 8 位国际专家，只有 1 位给出了答案：即蒸发总量的确增加了，但降雨是大气环流的结果，因此雨更多地降到易于成雨的海面，所以形成了把淡水变海水的自然运动。这种说法还有英格兰及其近海的 1989—1999 年连续 10 年监测数据的支持。作者认为这是迄今为止最合理的解释。

作者还在自己的办公室里，向作者邀来北京航空航天大学演讲的诺贝尔化学奖获得者 P·T·克鲁岑教授专门请教了这个问题，他获奖就是首先发现了大气臭氧层受到破坏，紫外线过度辐射的机理，对大气环流深有研究。

克鲁岑教授给出了他的解释：主要原因是由于大气污染，使得地表大气层有许多微颗粒（如今天人人皆知的 PM2.5 是其中最小的），在这些独立而分散的微颗粒上都聚集了水汽（量十分微小），分散了水量，反而使降雨量不易形成。

按作者的分析，这也印证了前一种说法，因为海洋上的大气污染很小，微颗粒很少，所以易于成雨，从而在地球上真的形成了一场把淡水变海水的运动。我们能够做的就是把它变回来，但是如何变呢？要靠受控热核聚变能的商用，这将在本书最后一个问题中讨论。

这些解释正确与否完全可以讨论。但是作者一提出这个问题，不但引起外国科学家的重视，同时还得到了高度尊重，他们几乎都略有愧疚地说："我们为什么没想到这个问题?!"不能责怪他们，因为他们的国家不缺水，而我们的水专家则有责任研究这些基本的水问题。

会发生水战争吗？
——对我国的水形势不能"道听途说"

国际上对缺水的问题越来越重视，这是好的，但是也出现了一些极端的看法。所以对我国水形势的表态一定要科学而且慎重，不能道听途说。例如前面讲的"我国是世界上最缺水的 20 个国家之一"或"13 个国家之一"，都不符合事实，不利于国家形象，在国际上造成误解。

1. 国际对缺水的共识

目前国际专家普遍认为世界将因发生严重水资源短缺而引发各种冲突。有的认为中东的水危机较武力冲突更为严重。英文"rival"（对手）这个词源于对水的竞争。该词来源于拉丁词"rivalis"，即使用同一条河流的人。

水既能维持生命，也可能终结生命。如果它携带致命病菌，或以海啸、洪水、暴风雨和飓风的面目出现，就变成了杀手。我们这个时代很多大型的自然灾害都与水有关。最近的一个例子是海啸造成的福岛核事故。

水资源紧张会平添大量的社会经济成本。在很多国家，有关在何处设立新的制造或能源工厂的商业或政府决策，越来越受到地方水资源不足的限制。

水是可再生却有限的资源。世界水生态系统的可再生淡水资源补充能力每年为 43 万亿立方米，近年来的波动在统计平均规律（±15%）的范围内。但是，自 1970 年以来，世界人口几乎增加了一倍，而全球经济增长使得用水量的增加甚至更快。

消费增长已经成为促使水资源紧张的最大因素。例如，收入不断增加促使人们的饮食发生变化，对肉类的消费更多。而肉的生产要消耗很多水。生产肉所需的水是生产同样卡路里植物所需水的大约 10 倍。

2. 国际对水污染的共识

国际上对水污染高度重视，认为许多未知和原因不明的疾病都与水污染有着密切的关系，一位联合国教科文组织专家说："水污染是百病之源。"原因很简单，水直接进入身体，进入血液，人的血循环和体液循环的载体都是水，可以说是"水循环"。PM2.5 吸入的危害和皮肤直接接触的危害最终也都是进入血液循环——水循环。国际新生儿过敏体质的增加，尤其是我国新生儿过敏体质的大量增加和老年痴呆症的大量增加都与水污染密切相关。所有 20 世纪 40 年代出生的北京人都记忆犹新，那时老年人文化程度很低，生活水平很差，但患老年痴呆病的人很少；无独有偶，作者在埃及的开罗和孟加拉国的达卡考察水污染时也了解到，半个世纪以来老年痴呆病人的数量急剧增加。

瑞典是一个水资源丰富的国家，作者做联合国项目主持人时在瑞典考察了 10 个月，瑞典污水处理厂的规模基本在 20 世纪 90 年代定局，即数量和规模基本稳定。那时瑞典的人均 GDP 与今天的天津、北京和上海相近，工业化已经完成，但人民生活水平还要提高。不过瑞典的水污染治理专家有清醒的认识："仅靠增加污水处理厂数量和提高处理能力是不能治理水污染的，要靠节水。水污染是大家造成的，要让人人都有节水意识，否则建多少污水处理厂也赶不上污水排放的增加；有效的污水处理技术不一定是高技术，但要治污有效、经济可行，政府补贴得起，保证污水处理厂全负荷运行。"瑞典的水污染治理专家的这些科学认识和高度的责任感实在值得我们的专家学习。

此外，国际河流的上游排水污染下游，也日益成为严重的国际水争端，不少国家呼吁建立国际标准保障下游国家的利益。在这方面欧盟做得较好，实行了全流域监测追责，作者看到捷克就向德国提供易北河下游的监测报告。

多国协同修复生态系统，
优化配置水资源能实现吗？
——贝加尔湖的水生态

爱水的人没有不向往贝加尔湖的，关注贝加尔湖的人很多，但真正了解贝加尔湖的人却很少，那里有地球 1/5 的最好的淡水资源。本着多国协同修复地域生态系统，保住人类这盆圣水的目标，在俄罗斯科学院湖泊研究所的支持下，作者于 2013 年 8 月对贝加尔湖做了 8 天的科学考察，较全面地考察了贝加尔湖的水资源。

1. 贝加尔湖态势

贝加尔湖是世界上最深和蓄水量最大的淡水湖，位于俄罗斯中西伯利亚高原南部伊尔库茨克州及布里亚特共和国境内，湖南端距蒙古国边界仅 111 公里。湖长 636 公里，宽 27.0~79.5 公里，平均宽 48 公里，面积 3.15 万平方公里，平均深度 744 米，最深点 1 680 米，湖面海拔 456 米。贝加尔湖湖水澄澈清冽，透明度达

40.2 米，仅次于透明度达 41 米的日本的摩周湖，为世界第二。其总蓄水量 23.6 万亿立方米，占地表不冻水资源的 1/5，为我国年可更替水资源量的 8.5 倍。贝加尔湖水约 40 年更替一次，从湖面至湖底的水循环周期约 8 年，也十分缓慢。鉴于湖水更替和流动速度很慢，实际可分为北、中、南三个湖。其主要参数如表 8-1 所列。

表 8-1 贝加尔湖主要参数

名 称	面积/平方公里	占总面积/%	水量/亿立方米	占总水量/%	平均水深/米	最大水深/米
北贝加尔湖	13 621	43.2%	81 920	—	576	903
中贝加尔湖	10 469	33.3%	90 807	—	854	1 642
南贝加尔湖	7 381	23.5%	63 427	26.9%	843	1 446
贝加尔湖	31 471		236 154		744	1 642

湖流入、流出的水量基本持平，总共有大小 336 条河流进湖，流入的主要是蒙古河流，最大的是色楞格河，年入湖水 295 亿立方米，如表 8-2 所列。而从湖中流出的则仅有安加拉河，年均流量为 1 870 立方米/秒，即 570 亿立方米/年，较黄河略多。

2. 贝加尔湖现状

（1）周边及湖中居民状况

居民过于集中在南贝加尔湖周边。南贝加尔湖面积仅 7 381 平方公里，水资源量 6.34 万亿立方米，平均水深 843 米。由于贝加尔湖水更替及上、下层更替周期很长，因此南贝加尔湖的生态危机较为严重。

表 8－2　　贝加尔湖主要入湖河流

主要入湖河流		流域面积/平方公里	河长/公里	入湖流量/（立方米·秒$^{-1}$）	年入湖水量/亿立方米
中文名称	英文名称				
色楞格河	Selenga River	447 000	992	935	294.9
上安加拉河	Upper Angara River	21 400	438	269	84.8
巴尔古津河	Barguzin River	21 100	480	130	41.0
斯涅日纳亚河	Snezhnaya River	3 020	173	80	25.2
贝加尔湖	Baikal Lake	31 500	—	1 870	589.7

伊尔库茨克州首府伊尔库茨克和布里亚特共和国首府乌兰乌德都位于南贝加尔湖周边 100 公里范围内。在周边 100 公里范围约 2.2 万平方公里的面积上集中了 120 万以上人口，每平方公里高达 55 人，已达到中等人口密度，而且居住在距湖 50 公里以内的人口越来越多。以该地区人均 GDP 1 万美元（俄罗斯为 1.3 万美元）的生产能力，已达到西方工业化进程中污染最严重的阶段，但周边未设保护区，几乎没有保护措施。

（2）环境污染与生态退化状况

1）环境污染状况

在南贝加尔湖周边 100 公里的 2.2 万平方公里面积上排放有机污染的现状大约为 1 亿立方米/年，虽远低于自净能力，但由于湖水更替太慢，上、下层交换也太慢，所以无法利用总自净能力；而且污染集中在沿岸，因此产生积累，若不采取措施，估计在 20 年以内将无法保住Ⅰ类水质。

a. 工业污染

伊尔库茨克是东西伯利亚的工业中心，炼铝、电力设备和机械制造等重污染企业集中，基本无治污设备。我们沿西伯利亚大铁路乘火车前进，见到一些工厂冒着浓烟。

b. 居民生活污染

南贝加尔湖临湖已属中等人口密度（超过白俄罗斯），但尚无污水处理厂。我们乘火车沿西伯利亚大铁路前进，在主要车站下车考察，在小村中就午餐，这些地方都向湖中直接排污。

c. 航运污染

目前南贝加尔湖航运比较频繁，而且均属 20 世纪 80 年代的老旧柴油船只，油污染严重，而且船只的污水均直排入湖。据作者在南贝加尔湖北端的图泰港口用肉眼观察，湖水已全无湛蓝颜色，而变成了黑色，透明度不足 1 米，远不如已属中度污染的法国马赛港。

d. 旅游业的发展

目前以中国为主的游客与日俱增，停留期限约为 8 天。以此计算，50 个游客就给当地增加了 1 个用水排污人口，如游客达到 200 万，则等于当地增加了 4 万人口。

2）生态退化状况

a. 西伯利亚草原

作者从伊尔库茨克出发，用一天的时间向西北驱车 300 公里到达图泰港，这 300 公里沿途属草原地带，也是两千年前苏武等 9 人牧羊 19 年的地方，经历了百年的生态浩劫，这片大草原已惨不忍睹，高于 30 厘米的高草地带已绝迹，只有不到 5％的草原的草高度超过 20 厘米，其余地区只有不足 10 厘米高的小草，达 35％的地区已呈现荒漠化，就像我国青海地区的贫瘠草原。

年平均草产量已由 19 世纪大部分地区接近上限 3 750 千克/公顷，降到目前的大部分地区接近下限 385 千克/公顷。显而易见，当年苏武是不可能在这样的条件下牧羊生存 19 年的。当地无草期长达 7 个月，因此必须有足够多的高草为长达 7 个月的冬饲料做储备，而就今天的草场情况看，以 9 个人的力量来完成该项工作是不可能的。

事实上，草原上只遇到很少的牛群，没见过羊群，当地草原的牲畜承载力已很低，估计牛群越冬已靠外来饲料。

大片草原已被开辟成农田，由于人口增加和连年耕种，目前地下水埋深已在 8～30 米之间，与原生态比较最多处下降了 20 米之多，如不恢复地下水位，荒漠化将进一步漫延。

南贝加尔湖周边地区不但原始森林遭到破坏，而且湿地锐减，就连成吉思汗西征时所依赖的水塘也大大减少和变小了。

b. 奥利洪岛

奥利洪岛是湖中第一大岛，72 公里长，平均宽度 15 公里，面积 730 平方公里，在中贝加尔湖地区。岛上居民 1 500 人，已超过自然保护区的标准。但现已成旅游胜地，游客与日俱增，即以旅游季节 50 天上岛游客 1 000 人/天计算，等于岛上增加了 1 倍的人口，但目前对游客全无控制。

岛上的旅游设施简陋，更没有污水处理厂。由于岛上人口增加，旅游业发展，加上历史上卫国战争期间可能大量伐木，因此现在岛南端不仅有大片的土地荒漠化（估计至少 50 平方公里），而且出现了沙漠，最高的沙丘已达 90 米，实在令人触目惊心。

尽管布里亚特语中的"奥利洪"就是"干旱"的意思，但那是指当地降雨量少。但岛在贝加尔湖之中，地下水肯定丰富。产生沙漠的现象是生态理论的又一个极好的例证：即在降雨少的生态脆弱地区，万年形成的乔、灌、草原始森林一旦被摧毁，就极难恢复，地下水位如果降低，就不足以支持新生植被，更难产生次生林。

奥利洪岛的旅游业已经开始，但达标旅馆仅 1 处，岛上不但没有污水处理厂，连林间道路和厕所也没有，林间烧烤也没有相应区域和设施，极易发生森林火灾。

对贝加尔湖的考察说明：今天的世界，连地域人烟稀少的贝加尔湖都需要环境保护和生态修复。希望地处该地域的各个国家，有理论的出理论、有资金的出资金、有技术的出技术、有资源的出资源，协同修复生态系统，修复苏武牧羊的贝加尔湖区，进而修复成吉思汗起家的横跨中蒙两国的呼伦贝尔大草原（今天已完全见不到"风吹草低见牛羊"的景象）。这不仅符合生态文明的世界潮流，符合生态修复的协同理论，而且符合地域各国的发展要求。保住贝加尔湖这盆净水是人类的责任，协同修复生态看来是早晚的事。湖泊研究所所长已向作者提出希望能购买无污染的电动船用于湖中，并希望与中国进行深水治污技术的合作研究。

什么是 "水世界"？
——在 "世界思想者节日论坛" 上

作者作为瑞典皇家工程科学院外籍院士，在亲身水管理实践的基础上创立了新循环经济学，其中的 5R 理论（再思考（Rethink）、减量化（Reduce）、再利用（Reuse）、再循环（Recycle）、再修复（Repair））是对清洁生产和循环经济的全面创新。作者关于这一创新理论在意大利和日本的讲演,在意大利第一大报《共和国日报》和日本第四大报《经济新闻》上均有报道。这一创新理论在作者作为贵宾的 2005 年阿联酋"世界思想者节日论坛"(18 位贵宾及 10 位诺贝尔奖获得者)上,以及在 2007 和 2008 北京诺贝尔奖获得者论坛上都得到广泛认同。

2005 年作者应邀出席在阿拉伯联合酋长国首都阿布扎比举行的、以阿联酋总统为大会名誉主席的"世界思想者节日论坛",该论坛邀请了世界各国的主要嘉宾 28 人(包括 10 名诺贝尔奖获得者),会议开了 5 天。作者首先提出"3 个 3"国家的概念,得到一致的认同与赞许。所谓"3 个 3"国家即指人口超过 3 000 万、土地面积超过 30 万平方公里、GDP 超过 3 000 亿美元的国家,这些国家(其中包括有 1 项达不到的个别国家)共 20 个,这些国家的人口、土地面积和 GDP 的总和达到世界总量的 2/3 以上,因此它们在经济和水问题上基本能代表世界。

早在 1999 年七国集团财长和央行行长会议上就提出过成立 20 国集团(G20)并进行长期对话,但上升到国家领导人层面是在 2008 年国际金融危机以后。在 20 国集团中,19 国与作者提出的"3 个 3"国家一致,仅欧盟和西班牙不同,而西班牙又是欧盟中除已列的德、法、英、意之后的最主要的国家,所以两者惊人的一致,这也说明在分析国际问题这一思路上大家有共识的科学方法。

作者分析了这些有代表性的国家的水问题。按照作者在联合国教科文组织主持制定的、至今在中国和多国仍通用的人均水资源量标准,将 20 国大致可以分成三类:

1. 丰水国家

丰水国家包括印度尼西亚、加拿大、俄罗斯、巴西、澳大利亚和美国（依人均水资源量多少排列），其中印度尼西亚最多，人均超过 8 万立方米，美国最少，为 9 000 立方米。但是其中澳大利亚是特例，丰水的原因是地旷人稀，而全国大部分地区是生态型缺水。美国、俄罗斯和巴西都有局部地区缺水。

2. 暂不缺水的国家

暂不缺水的国家包括阿根廷、墨西哥、日本、土耳其、法国和意大利（依人均水资源量多少排列），除阿根廷（6 771 立方米/人）外，其余国家都略超过丰水线（人均水资源量大于 3 000 立方米），水资源状况不容乐观。墨西哥的大部分地区存在严重的生态缺水；而日本则是山地多、河短流急，降雨都冲入海中，可以适当修库蓄水（但在日本国内遭到环保主义者的强烈反对）。

3. 缺水国家

缺水国家西班牙、英国、中国、德国、韩国和印度（依人均水资源量多少排列）属中度缺水，南非和沙特阿拉伯（仅 85 立方米/人）属重度缺水。

此外，世界上几个欠发达的人口大国孟加拉国、巴基斯坦、尼日利亚和苏丹都属重度缺水，埃及是极度缺水（仅 22 立方米/人）。

因此，世界上的主要国家都存在着不同程度的水问题，应引起国际上的高度关注，共同解决这一影响可持续发展的重大问题。

这些看法引起与会嘉宾和主办方的强烈反响,多位诺贝尔奖获得者称赞"讲得太好了"。世界著名的核物理专家鲁比亚教授(曾任西欧核子中心主任,李政道先生时任中心室主任)特别在会上发言支持作者的观点,称赞"全面深入的研究",还谈他自己本人曾任意大利资源部顾问,涉水很多,并谦虚地说:"在核物理方面您可能比不上我(知道作者曾在欧洲原子能联营研究受控热核聚变),但在水资源方面我比不上您。"后来作者把他请到北京航空航天大学,在作者的办公室里继续了水的畅谈。

在"世界思想者节日论坛"上,非洲国家的代表还提出了一个十分有趣的水问题,受到大家的关注。这个问题是"发达国家的人应改变饮食习惯,少吃肉可以大量节水。"因为获得同样卡路里的能量,吃肉用的水是吃粮食的5~10倍。

在论坛上还谈到:"是水成就了成吉思汗吗?"蒙古帝国(1206—1259)是人类历史上一个横跨欧亚大陆的超级大帝国。它东到太平洋,北抵北冰洋,西达黑海沿岸,南至南海。欧洲和西亚国家至今对成吉思汗记忆犹新。

会上提到降水对蒙古大帝国的建立起到了重要作用。追溯的降水记录表明:蒙古帝国建立前的1180—1190年,漠北草原确实曾经历大旱;但在蒙古帝国扩张初期的1211—1225年,漠北草原却经历了长达15年的空前绝后的持续降雨和温和的气候。不寻常的好气候让蒙古大军得以粮草充足,从而用精良的骑兵四处征战,在欧亚大陆扩大了自己强大帝国的版图。

一千多年中,最温和、最湿润的气候刺激了草原的旺盛生产力——牧草资源丰富起来,战马和其他牲畜数量激增,这些都为一个建立在马和牛羊基础上的、以彪悍骑兵为主的帝国的扩张提供了充足的资源。800 多年前，成吉思汗的蒙古帝国在漠北草原崛起，是因为幸运地遇到了温暖而湿润的好天气。气候不是唯一的因素，但它为一个有魄力的领袖从混乱中脱颖而出、发展军队和集中全力创造了理想条件，成吉思汗正是充分利用了这个重大机遇。降水能够改变一个民族、一个国家，甚至人类的历史。

在这方面作者没有研究，但说明了国际上的水研究趋势——已经开始了水历史和生态史的研究，并正在成为一门多学科综合的新学科，这是我们水工作者应该高度重视的。

美国西部的"宜荒则荒"原则对吗？
——必须遵循自然规律

没到过美国的水资源工作者一定认为，美国有世界上最大的财力和世界上最高的技术，大部分的沙漠，至少是大部分的荒漠早已变成绿洲了吧？如果你去实地考察，一定会大吃一惊，究竟美国是按什么原则治理荒原与沙漠的呢？

1999 年作者全面考察了美国西部。美国是世界上仅次于我国的水资源总量第五大国，多年平均值为 24 780 亿立方米；人均水资源量为 8 801 立方米，是我国的 4 倍。水资源总量折合地表径流深 271 毫米，刚好超过维系良好生态系统的 270 毫米标准，与我国相近，所以在美国看到的植被与我国类似。而且美国也有与我国相似的问题，水资源空间分布十分不均，中西部缺水，部分西部地区严重缺水。美国西部缺水地区的开发及其水资源配置，对于我国的西北部大开发和水资源配置是有重要借鉴作用的。

亚利桑那州位于美国的西南部与墨西哥毗邻的地方。亚利桑那州有近 30 万平方公里的土地，为甘肃省的 3/4；而人口却只有 270 万，是甘肃省的 1/9。亚利桑那是比甘肃荒凉得多的地方。在美国，"亚利桑那"几乎就是"荒凉"的同义语。但美国的人口控制是有依据的，据联合国制定的标准，在干旱地区的居民不宜超过 7 人/平方公里，亚利桑那全州已接近干旱地区，9 人/平方公里是适宜的。

亚利桑那州就在美国西南和墨西哥北部的北美大荒漠的中心地带，从洛杉矶乘飞机东行不远就开始进入浩瀚无边的北美大荒漠。先映入眼帘的是索尔顿湖，英文原意是"咸海"。索尔顿湖是一片灰绿色的水池，由于水很浅，有的地方已呈灰色，无数条小河像弯曲的小灰蛇一样游入索尔顿湖，不少小河已经干涸，像蛇脱了一层皮留在荒漠上。索尔顿湖周围是黄绿相间的地貌，黄的是荒漠，绿的是人工营造的树林，远处的黑色山峦上还有墨绿色的稀疏植被，墨色的岩石与墨绿的旱地植物连成一片。过了索尔顿湖，其荒凉就更可想而知了。

看到这与 19 世纪末美国西部大开发前几乎没有多大差别的景象，人们不禁要问，开发了 100 多年，为什么大部分地区还是这样？以美国的财力和技术，为什么不改造沙漠？这恐怕更是一些中国专家的感慨。美国为什么采取了"宜荒则荒"的西部开发政策？难道是它科学吗？

在亚利桑那的荒原上奔驰，路上几乎没有过往车辆，当然更没有行人；荒原上没有人耕作，连房屋也几十公里才能看到一间。荒原上没有树，车在沙地上奔跑，连顽强生长的骆驼刺也没有几棵。天地之间的荒凉给人一种苍茫的感觉，中间夹带着几分悲切。不知我们的有些专家到了这里会不会提出改造沙漠的建议。但美国人没有这样做，是他们缺乏开创精神吗？还是尊重自然规律？

美国 100 年前，在与我国西北自然状况十分相似的西部进行的大开发有很多经验值得我们借鉴：

① 对于任何一个地区的开发，都要有一个科学的社会经济发展与自然生态相协调的综合规划，对于缺水等生态系统脆弱地区的规划更为重要，其科学性尤为重要。

② 缺水地区的基础设施建设必须建筑在生态建设、提高生态承载力的基础之上，生态建设是基础的基础，先有生态建设规划，再有基础设施建设规划，两者相互协调、互相补充、融为一体，不能搞成两张皮。

③ 缺水地区的开发应以中心城市为主，量水而行，向外辐射，不能盲目扩大、遍地开花、各自为战、急功近利。在水资源总量没有增加的情况下，造人工绿洲或盲目扩大绿洲，必然会造成另一处自然绿洲或过渡带的覆灭，最终新绿洲也将会被沙海再吞没。缺水地区开发的指导原则应是以维护原有自然生态系统为主，"宜林则林，宜灌则灌，宜草则草，宜荒则荒"。

④ 荒漠地区的开发更要充分利用生命科学和生态科学的知识，要有所创新。例如美国西部几个州都从全世界引进适宜的耐旱树、草和灌木种，取得了很好的效果，现在更大力开发转基因耐旱物种。同时，必须进行引进物种生态影响的前期研究，保证不产生负面影响。借鉴这些经验，将使我国的西北部开发，比美国一个世纪前的西部开发高一个层次。

任何借鉴都要因地制宜，美国以胡佛大堤的水库为水源建设了沙漠中的赌城拉斯维加斯，耗水不多而推动了地方经济，也适应生态承载力，从而保护了生态系统。但是，给世界和美国带来的负面影响呢？还是让国际文化专家去研究吧。

波斯湾沿岸人造生态系统是如何建起来的？
——必须根据实际情况

人能不能造生态系统呢？20 世纪 90 年代美国在加利福尼亚做过实验，造了一个巨大的落地气球，包括了大气、河流、森林和小山，想在实验范围内形成自持的生态平衡。1999 年实验宣告失败，据说是一种昆虫的出现最终破坏了生态平衡。

从理论上讲，自持生态系统是不能人造的，但在人不断干预的情况下，完全可以形成人造生态系统的持续运行。美国的赌城拉斯维加斯就是一个例子，这座荒漠上的赌城就是一个人造的新生态系统。

阿拉伯联合酋长国正在进行更大的人工生态系统营造，在世界上可谓首屈一指。从首都阿布扎比到沙迦的长达 130 公里、宽 10 公里的沿海地带，酋长国正在进行一个面积达 1 000 平方公里的庞大的半荒漠变绿洲的人造生态系统工程。

作者两次往返于从阿联酋首都也就是阿布扎比酋长国首都阿布扎比岛，经迪拜酋长国首都迪拜市，到沙迦酋长国首都沙迦市全长 180 公里的公路。亲眼见到绝大部分路段两旁全是高耸的棕榈，除个别地段仍是荒漠外，绿地纵深为 5～15 公里，绿草和耐旱灌木构成了广阔的人造绿洲。其中阿布扎比市人口约为 100 万，迪拜市人口为 90 万，沙迦市人口为 15 万，再加上公路沿线的居民，海岸绿洲占阿联酋国人口的 2/3。这里居民的生活环境的确从半荒漠带变成了半湿润带，绿茵遍地，空气比较湿润。据作者的实测，绿化

10 年以上的地区，沙地已开始土壤化。

阿联酋海岸的人类改造自然，人工生态系统建造也是有条件的。

第一，由于这里沿海，年降雨量近 200 毫米，这是改造生态系统的基础，新生态系统形成后，目前降雨量仍不到 250 毫米，无法维系草原植被，所有树草都必须灌溉。由此可见，如果原降雨量低于 100 毫米，这种改造就几乎是不可能的。

第二，巨额的投入，仅在阿布扎比酋长国境内，占人工绿洲约一半的地区，年耗水量目前已达 4 亿立方米，人均拥有 270 立方米，折合地表径流深则高达 800 毫米。仅海水淡化制原水成本就达 2.5 亿美元/年之巨。

第三，这里沿海，因此可就近淡化海水，否则代价将更大。如果加上 20 年来的海水淡化设备投入、输水管道投入、喷灌和滴灌设备投入、污水处理投入、移植树草和移入土壤投入、人工投入、管理投入，则总计达 500 亿美元之巨，也就是说每变 1 平方公里荒漠带为绿洲大约要投入 1 亿美元。

第四，不能不说阿联酋的人工绿洲生态系统计划是按照长远的科学规划进行的，按部就班，不急于求成；而且以科学知识为基础，如厉行节水灌溉，引入耐旱物种等，因此取得了较好的成果。

尽管有如此巨额的投入和科学的规划，阿联酋波斯湾的人工绿洲生态系统建设还只是初具雏形：

第一，目前还完全未形成自持的生态系统，年降雨量只从 200 毫米略升到 250 毫米，距半湿润带的下限 400 毫米还相差很多，估计要达到下限还至少需要 60 年的时间。因此，目前只能靠代价高昂的海水淡化灌溉来维持。

第二，人工生态系统中的土地刚刚从砂砾开始土壤化，估计形成土壤还至少要 20 年时间。

第三，当绿洲生态系统完全建成后，可以容纳约 500 万人在较好的自然条件下生活，即 100 人/平方公里。如果随着阿联酋的高速发展，外来移民超过 100 人/立方公里，则又会使十分脆弱的现人工生态系统退化，甚至前功尽弃。

由此可见，建成一个 100 平方公里以上面积的人工生态系统，即使不计投入，也需要 80～100 年的时间。

我们不离口地说："建设中国特色的社会主义。"那么在改造荒漠和沙漠方面什么是"中国特色"呢？中国特色就是我国沙漠和荒漠面积太大，占国土的近 40%。同时，这些地区降雨量又太少，不少地方少于年降雨量 50 毫米的维系植被的最低限度。此外，中国尽管已是世界第二大经济体，但人均 GDP 还在世界第 70 位之后。因此，2030 年以前"中国特色"的改造荒漠和沙漠的总政策应该是"宜林则林、宜灌则灌、宜草则草、宜荒则荒"。

人类能从根本上解决地球淡水短缺的问题吗？
——关键在于淡化海水清洁能源受控热核聚变能的商用

海水淡化不仅是维系地球上的淡水和海水之间的平衡，也是解决陆地淡水短缺的最根本的方法。但是，海水淡化要大量耗能，占成本的 40% 以上，而且如果用碳氢能源淡化海水，又造成大量 CO_2 的释放，加剧了温室效应。一种未来的新能源——受控热核聚变能解决了这两方面的问题：一方面受控热核聚变能极其廉价，可使海水淡化成本降低 1/3 以上，即从目前的 6 元/吨下降到 4 元/吨，使得海水淡化的实用性大大提高；另一方面受控热核聚变能是与水电能一样的清洁能源，不产生温室气体。

1. 受控热核聚变是我国最终解决水资源问题的最重要手段

地球上的一切能量都来自太阳，太阳向地球辐射的能量用之不竭，人类为什么不能像太阳一样产生能量呢？可以，这就是受控热核聚变反应能的商用，太阳上无休止地进行的正是热核聚变反应。

1 千克氘和氚的混合物进行热核聚变反应可以释放出相当于 9 000 吨汽油燃烧的能量，是同重量铀进行核裂变反应释放能量的大约 5 倍。氘和氚可以取自海水，可谓"取之不尽，用之不竭"，1 千克海水中可心提取 34 毫克氘，即如果实现受控热核聚变能的商用，那么 1 升海水可以替代 300 升汽油，就是所谓的"海水变汽油"。同时，热核聚变也不产生放射性污染，还是一种清洁能源。在大规模商用以后，所产生能源的成本只有水电的 1/10，可以为人类最终解决能源的问题。

自然界在无休止地进行水循环，为了与自然和谐，人类为什么不能参与其中呢？这就是海水淡化。

自然界在无休止地进行江河淡水入海，海水蒸发进入大气环流，在陆地降雨汇入江河，再流入大海的水循环。海水淡化产业正是加入了这个水循环，从全球气候变迁来看越来越有必要。

受控热核聚变还能最终解决缺水的问题，利用受控热核聚变的商用能源，海水淡化的成本就可降低 1/3 以上；海水淡化的另一个主要成本——过滤膜的成本，随着新材料科学技术的发展，到 2030 年下降 2/3（包括价格的降低和寿命的延长）是可以预期的；

届时海水淡化的成本可以降到 2 元/吨以下，使大规模海水淡化成为可能，从而大大低于调水的实际价格，而且水质好得多。

2. 受控热核聚变能商用的可行性

受控热核聚变利用的是氢或其同位素核聚变所释放的能量，实际上就是太阳释放能量的反应。目前实验反应利用的是氢的同位素氘（D）和氚（T）在特定高温和约束条件下进行的可以控制的核聚变反应，聚合成较重的 He 原子核并释放出巨大的能量，反应简式如下：

$$D + T = He + 能量$$

作者作为改革开放后首批出国访问学者，在国内外从事过 10 年受控热核聚变研究，为欧洲大环（JET）设计了中性注入器的真空装置。在作者离开欧洲原子能联营 9 年之后，1991 年欧洲大环（JET）的实验证实了劳森判据，即实验有了正能量输出，核聚变能的商用在理论上成立。当时已经离开的研究人员在世界各地互相致电，激动之情难于言表。

2005 年 6 月 28 日，包括中国在内的 ITER 国际计划六大伙伴国在莫斯科签署联合声明，正式确认 ITER 落户在法国罗纳河口省的卡达哈什（Cadarac）。经过 6 年的努力，模拟商用堆将于 2019 年运行，如果模拟实验顺利，将于 2030—2040 年建成 2 000～4 000 兆瓦的示范性核聚变电站，相当于一座大型火力发电站。预计 2040 年以前受控热核聚变能可能商用。

对受控热核聚变能商用时间的预测，目前差异较大，从作者 10 年研究的亲身经历和 2012 年对我国现在合肥的受控热核聚变装置的实地调研来看，如果从现在起加大投入（美国由于页岩气开采的成功已延缓了进程），尤其是我国加大投入，联合攻关解决材料等问题，2030—2040 年受控热核聚变能可能进入商用阶段。如果受控热核聚变能能够商用，这种新能源价格可较现能源低 3/4，大规模海水淡化就成为可能，人类就真正加入了江河淡水入海、海水蒸发降雨、雨水入江河的自然循环，真正做到了人与自然和谐的可持续发展。

3. 2040 年受控热核聚变能商用前的海水淡化产业

目前提出 2015 年我国海水淡化能力达到 220 万～260 万立方米/日，以上限计为 9.5 亿立方米/年。

（1）在 2030 年前保持"十二五"的增长速度

到 2030 年前的三个五年规划都应保持这个增长速度，使海水淡化能力达到 80 亿立方米/年以上，这对于补足我国水资源缺口将起到一定作用。

（2）加强关键技术研发，提高工程技术水平

目前海水淡化产业发展的关键在于成本，应该加强关键技术的研发，使之在 2030 年以前的成本（包括输送管线）低于调水成本（如以曹妃甸水输京与南水北调水进京相比较）。

应加强高效长寿的海水淡化膜的研究，有效降低成本；还可以利用海冰淡化，可预先脱盐 80% 左右有效降低成本。

（3）准备迎接 2040 年前后海水淡化产业的大发展

海水淡化的根本缺陷在于大量消耗能源，不仅成本高，而且污染大。如果 2040 年前后受控热核聚变能可以商用，那么成本可降低

约 40%，而且不因海水淡化耗能而产生大气污染，则海水淡化产业可以在几年内扩大到制水 200～300 亿立方米/年的水平，从根本上解决我国缺水的问题，实现人类参与自然水循环的循环水产业。

（4）海水淡化产业发展中应注意的几个问题

具体包括：

① 在海水淡化成本未低于调水之前，不宜急于扩大规模；

② 应研究淡化水与江河湖库水、地下水的水质差异，不致因缺少某种成分（如矿物质）而影响用水人的健康；

③ 在某些地区，如渤海等与公海水交换速度不高的浅滩海域，应研究大规模抽海水的近海生态影响。

传统工业化给人类带来了巨大的财富，从衣食住行上提高了人类的生活水平；但是同时也带来了严重的资源短缺、环境污染和生态退化，而且愈演愈烈，从生存环境上又降低了人类的生活水平，而且使发展不可持续。那么如何两全其美，可持续发展呢？唯有科技创新，使成果产业化，让科技成为第一生产力。

什么是人民最关注的水问题

人民在生活中有许多关注的水问题，这里仅选几个进行探讨。

水价提到多少算合理?
—— 国际等比价与生活的基本需求

在世界上的绝大多数国家中，水已经不再是个人使用不会影响他人的公共产品。

过去在不缺水的地区，水资源被任意使用，在缺水的地区则实行计划分配，早在清朝年羹尧就在黑河分水，国外也是如此。水资源和土地资源一样是母体资源，是战略资源，是人民生活的必需品，是国家安全的保障。国家必须控制这一资源，任何一个现代国家都是这样做的。

因此水这种商品进入的是一个政府通过特许经营来管制的不完全市场。

1. 为什么要提居民水价

提水价有以下三大理由。

（1）水资源在我国是短缺资源

我国实行社会主义的市场经济，市场经济的规律是"物以稀为贵"，而我国以前实行的是不顾我国已经缺水的自然规律和市场规律的计划经济的福利水价，造成水资源在短缺的同时又有大量浪费，使我国的水资源难以保障可持续发展和小康社会的全面建设，危害了广大人民的利益，所以水价必须提。

（2）政府的职责

政府的主要职责就是引导公众做出正确的选择。目前公众和企业在水问题面前面临选择：要么提价，要么缺水。显然，提价是正确选择，因此提水价是公众和企业的正确选择，政府要毫不犹疑地引导。当然，提水价后能否给公众和企业保量、保质地供水，也是政府的责任，但要由公众和企业监督。

（3）城市居民自己已经把水价提到惊人的程度

目前，在城市的企事业单位办公室和居民家中，桶装水的饮用已很普遍，其水价约合 500 元/吨；而矿泉水和纯净水已合 3 000 元/吨；尽管只占饮用水部分，但是已经大大超过提价后的水费。所以，实际上城市居民自己已把水价提高到惊人的程度，一般家庭在这方面的花费已超过 200 元/月。

2. 具可比性的国际水价状况

南非在水资源状况和人均国民收入方面都与北京有可比性。南非 1997 年颁布的《供水法》，要求保证居民足够的、安全的、对环境无害的基本用水权利。近年来，南非政府实施了"免费的基本生活用水"政策，保障贫困居民用水。免费的基本生活用水量按 25 升/（人·日）核定，每户家庭按 8 人计，每月每户的免费基本生活用水为 6 吨。在免费用水量以上，每人每月用 1~1.2 吨的水，收费非常低；每人每月用 2.5~4 吨，水价为 5.6 兰特/吨（合人民币 6.7 元/吨）；在此之上用水越多，收费越高；如每人每月用 5 吨以上，这在北京是很正常的情况，则水价达 10 兰特/吨（合人民币 11.5 元/吨），是目前北京水价的 3 倍。占南非人口 80% 的黑人，平均月收入不到人民币 2 200 元，但对月收入低于 800 兰特的家庭，政府发给用水补贴。

与我国水资源状况和国民收入相近的伊朗的水价政策更为严厉，居民用水合人民币 2.5 元/吨，而面粉只合人民币 0.70 元/公斤，一般居民月工资约为人民币 1 500 元。但每户用水 30 吨以上（合每人用水 5 吨）就要累进加价。

3. 居民水价提到多少算合理

有人说提高水价是增加居民负担，这种认识是不对的。以北京为例，目前的形势是居民面临着选择：严重缺水或多付水费。显然，正确的选择是多付水费，而政府的职责正是引导居民做出正确的选择，所以水价一定要提，正如国务院领导所讲，要适时、适度、适地地提。那么提到多少算合理呢？比较简单的科学分析方法是生活基本需求法，即人的生活无非衣、食、住、行及医疗、教育、娱乐、养老八大需求，而饮水应占到其中的 $1/32 \sim 1/16$。以北京为例，目前居民的人均月收入是 3 500 元，即每人在用水上的花费近百元是不多的。

提价和采用阶梯式水价不是对居民的惩罚，而是通过价格杠杆促进节水型社会的建设。节水不只是向居民多收钱，与此同时，政府要保证供水的量和质，保证降低自来水管网的漏失率和污水管网的收集率。政府有义务在居民节水意识提高、管网漏失减少、设备更新、制水成本降低以后，把水价降下来。这在英国和法国等发达国家已经做到了。同时，要建立水价调整听证的公众参与机制。

目前最关键的问题并不在于水价提到多少（当然在合理的范围内），而在于水价提高后是否能在水的数量，尤其是在质量上予以保证，让居民放心，如果能做到，自来水提价还是问题吗？

水污染对人的危害比 PM2.5 严重吗？
——人民有知情权

近来，笼罩多个省市的雾霾引起公众的不安和关切。空气中的细粒子通常指直径小于或等于 2.5 微米的颗粒物，简写为 PM2.5。细粒子能吸附空气中的细菌、微生物、病毒和致癌物质，沉积于肺泡或被吸收到血液及淋巴液内，危害很大。

1. 应组织水环境污染害人的专门研究

而水污染，尤其是地下水污染的危害恶于雾霾，治理难度远高于雾霾。早在 2000 年作者任奥申委主席特别助理时就指出这一观点。近来专家也强调，"水的风险或者问题远远超过大气，从环境科学这个角度看，大气的容量远远超过水，你想一阵大风就能一下变成蓝天了，但是，水不可能像大气，比如地下水被污染了，几十年、上百年都解决不了这个问题，这种损害远远超过大气的污染。"

实际上，目前水环境状况对人体的危害大大高于 PM2.5 的大气污染。因此很难说有"绿色食品"，因为联合国教科文组织早在 1993 年就有实验数据表明：作物的有害因素 50% 以上来自水，25% 来自化肥，15% 来自农药。对于我国目前的情况来说，灌溉用水无论是地表水还是地下水，污染都很严重。也就是说，有一半的有害因素几乎是无法控制的，因为不少农户，就连绝大多数绿色食品基地都无法控制灌溉水源（包括地下水）。

污染的水中包含的多种因素（包括尚未知的）对人的危害比 PM2.5 大得多，而且直接进入血液。近年来，畸形、过敏体质的新生儿和老年痴呆症患者与 20 世纪 50 年代相比成倍地增加，这与水污染有很大的关系。

老年痴呆症——阿尔茨海默病在意大利西北部地区的人群中越来越多地出现，在研究人员于 1998 年监测意大利西北部地区的水时，发现水中铝的含量为 5～1 220 微克/升，单体铝的含量为 5～300 微克/升，而环境方面的官方推荐值为总铝的含量一般在 200 微克/升的水平之下。

联合国世界卫生组织（WHO）发出警示：" 21 世纪水危机将列为首位！"根据最近世界卫生组织公布的数据表明，当今世界 80% 以上的疾病和 50% 的儿童死亡都与水质不良有关，由于饮用不良水质导致的消化疾病、传染病、各种皮肤病、糖尿病、癌症、结石病和心血管病等多达 50 多种。

2. 我国的水污染状况十分严峻

我国地表水河流污染严重的情况已在前面介绍了，在近期监测的 60 个湖泊（水库）中，富营养化状态的已达 1/4，而这些多是饮用水源地。

近期发布的环境《国土资源公报》显示：全国 198 个地市级行政区共有 4 929 个地下水水质监测点，其中综合评价水质呈较差级别的监测点为 1 999 个，占 40.6%，水质呈极差级别的监测点为 826 个，占 16.8%。地表水污染严重，受污染的耕地约有 1.5 亿亩，占 18 亿亩耕地的 8.3%。工业废水威胁着国人的健康和生态环境，引起的群体性事件也时有发生，严重影响了社会的和谐与稳定。必须及时解决水污染问题，否则形成江河湖库的本底污染，不但治理起来比大气污染困难得多，而且根据西欧的经验，积累 30～40 年以上后，可能成为"不治之症"。

显然地下水污染比雾霾更难治理，就连监测都很困难。我国地下水污染状况已经到了十分严峻的地步。据统计，全国 90% 的地下水遭受不同程度的污染，其中 60% 污染严重。不仅缺水的北方地区地下水污染严重，就连水资源相对丰富的南方地区，一些村庄水井的水已经不能饮用。最直接的影响是饮用水供应困难，全国 70% 的人饮用地下水，如果不对地下水污染进行有效控制，后果不堪设想。一些地方的群众由于饮用水不安全，已经影响了身体健康，导致患病，甚至失去了生命。而受污染的地下水用于农业，会影响农作物的生长，还可能产出有毒农产品，最终危害人体健康。

同时，从科学上说和从欧美的实践来看，与大气污染治理相比，水环境权威专家应比政府承担更多的责任，要义不容辞地挑起这副重担，为人民"饮清泉"的中国梦做实事。

瓶装水、桶装水和净水器是最好的饮用水吗？
——政府的责任

目前，当自来水达不到直饮或未做到分质供水（饮用水与其他用水分路供应）时，瓶装水、桶装水和净水器已经成为城市饮用供水的重要手段。据粗略的保守估算，目前我国饮水机和瓶装水使用的总金额超过 800 亿元，把必要的约 100 亿元除外，每年仍达

100 亿美元之巨，是世界上最大的对饮用水的投入，5 年共 500 亿美元的资金足以在 5 年内使全国大多数城市的自来水做到直饮。现在饮水机的质量和滤芯问题，瓶装水的质量和容器问题都应建立国标并严格监督检查，同时鼓励饮水机和瓶装水企业向水生态系统修复和直饮自来水制水产业转型。

1. 瓶装水

进入 21 世纪，中国瓶装饮用水行业进入稳步成长阶段，以 40％左右的占比高居各类饮料之首。在 2005—2009 年的 4 年间，瓶装饮用水每年都以超过 14％的速度增长，进一步证实了中国消费者对瓶装水的巨大需求。作者在西欧生活 8 年，瓶装水不是发达国家居民饮用水的主要来源，更无法解决地球上 11 亿人缺乏安全饮用水的问题。

关于瓶装水还有另一个问题。目前我国市场上聚集着比发达国家市场的总和还多的各种"概念水"，说纯净、含氧、含矿物质。作为居民饮水的补充，对这些水应建立国家标准，如实宣传功能并建立检验制度。

2. 桶装水

桶装水是我国最早实施的分质供水方式，目前已有上千万个家庭和大量的机关、企事业单位采用桶装水作为日常饮用水。桶装水主要是纯净水，相对于低标准和受污染的自来水来说，质量可能有所改善。随着人们对于纯净水认识的深化，桶装水正朝着洁净天然水、山泉水，甚至是矿泉水的方向发展。桶装水的生产成本、运输和营销等费用高，售价是自来水的几十至上百倍。桶装水必须通过饮水机才能直接饮用，如果说自来水存在二次污染，那么桶装水就存在来自多次使用的塑料桶及饮水机带来的第二次、第三次污染，而且污染更为严重。

全国桶装水的总体质量处于中等水平，除了北京和上海等城市外，桶装水的合格率均低于75%。行业内确实存在不少问题，如因某些偶然因素导致部分厂家的产品没有达标，对于桶没有检测标准，假冒品牌桶装水充斥市场等。桶装水的质量安全主要来自两大隐患，一是不按严格生产工艺加工产品的小规模或小作坊式企业，二是以生产假冒品牌桶装水为盈利手段的造假企业。

同时，部分厂家为了降低经营成本，使用廉价的废旧塑料、报废光碟及洋垃圾制造水桶，而饮用"黑桶"装的水有可能致癌。

此外，没有对桶定期清洗、消毒也会使桶本身带菌；折封的水，如果在72小时内没有喝完，那么桶则成为"细菌培养器"，使好水变得不洁。

3. 净水器

据不完全统计，在全国，净水器（直饮机）的大小和形状不一，进口与国产、内部滤材等不同品种和型号的饮水机有70种以上。普通直饮机的净水工艺简单，滤材容量有限，因此对自来水的净化效果不佳。更普遍的是，随着使用时间的增加，过滤的效果越来越差。而大部分消费者不具备鉴别滤材是否失效的能力，会因为滤材更换不及时造成水质下降。现在已经出现了一些采用先进技术的直饮机，所制的饮用水质量较好，但造价较高。

由此可见，无论是瓶装水、桶装水还是净水器都有其弊病，只可以部分替代自来水作为饮用水。而部分家庭甚至全部替代自来水，这是在自来水质量不高的条件下不得已的办法。最根本的办法还是提高自来水的质量，逐步做到分质直饮或全部直饮，让老百姓放心喝"中国特色"的白开水，这是政府的责任所在。

4. 关于"黑水站"的报道

曾有以《北京"水站"黑幕》为题的报道：

北京市东城区一家水站的负责人说："我刚开始做水站时，桶装水的消费量比较小，市场也很规范。"他告诉记者，"现在消费量是变大了，但市场也变乱了。"

"因为相关部门在水站经营场所的环境、地理位置等硬件设施上并无明确要求，所以水站选址都较为随意。"北京市桶装饮用水销售行业协会负责人说。

为了缩短送水时间和降低租金，一个水站选在海淀区苏州桥附近小区的一个地下室。一间不到 15 平方米的房子每月租金 1 200 元，比临街商铺便宜一半。所有的桶装水高低错落地存放在地下室入口处的狭窄区域，完全做不到适温保存或者冷藏、禁高温暴晒。

室内环境更加糟糕。很多水站的经营场所既是办公室，又是厨房和餐厅，甚至是卧室。不仅存放有空桶、桶装水，还有办公桌、厨具等生活用品，极易造成二次污染。

北京市桶装水协会的数据显示，目前北京共有规模不一的水站近万个，其中正规水站仅占 50%～60%。

在东城区一位经营正规水站的负责人说："以雀巢 18.9 升天然矿泉水为例，其市场统一售价为 23 元，水站进价为 12 元，除去房租、工人劳务成本、交通工具损耗及 17％ 的企业增值税后，利润仅在 2～3 元之间。"

市场竞争环境的恶劣使北京市场上的"黑水站"众多，假水泛滥，市场基本处于无序竞争状态。所谓黑水站是指没有正规经营场所和合法营业执照以及代销合同，专卖假水的"地下"水站。黑暗的地下室、狭窄的胡同四合院以及大门紧闭的自建房都是这类水站中意的选址。

业内知情人士何园称，黑水站泛滥的最重要原因在于利润巨大。一桶 18.9 升的雀巢矿泉水，其真品成本价是 12 元，而假水的成本价仅为 2～3 元。

桶装水饮用水销售行业协会负责人说："很多消费者想当然地认为桶装水是个暴利行业，一味压低购买价格，也导致很多假水流入。"假水在市场上风行很大程度是由于企业的供给不足，导致水站供不应求，转而以假水代替。目前对于北京销售靠前的大品牌，在市场上均出现过假水的情况，为了品牌的市场份额，企业甚至不愿打假。

要不要做到自来水直饮？
——分质供水

1996 年，我国第一个"管道分质供水"系统在上海浦东新区锦华小区率先实施。此前，浦东新区的供水水质明显偏低，饮用水安全难以有效保障。锦华小区率先将居民的饮用水与一般生活用水分管供应。其中，饮用水经过处理后，水质达到欧共体标准，可直接生饮。该工艺系统采用臭氧氧化、活性炭吸附、预涂膜（采用硅藻土为预涂助滤剂）精滤、微电解和紫外线杀菌等多项新型技术。在净化过程中不加任何化学药剂，可有效去除自来水中残存的对人体有害的有机污染物，特别是致癌、致畸、致突变物，同时又保留了水中对人体健康有益的矿物质和微量元素。自此，深圳、宁波、广州、青岛、大庆、天津、北京等相继建设了此类系统，在很大程度上解决了居民对洁净饮水的需求。

直饮水就是打开龙头可以直接饮用的自来水。目前，在我国还不能做到自来水大部分直饮的情况下，可以分质供水的方式，设立独立回流循环系统，将净化后的优质水输送给用户直接饮用。在发达国家和城市，直饮水早已深入寻常百姓家。在发达国家如美国、加拿大和日本也采取了这种办法。

1. 自来水直饮——分质供水是科学而经济的

与各种瓶装水、桶装水和净水器相比，利用管道把经过深度净化处理的纯净水输送到各家各户，具有更好的经济性、可靠性和环保性，具有取用便利、节约能源和卫生等优点。正因为其具有规模效益和利于居民健康等优点，因此在许多地区得到了推广。

从缺水的城镇大系统来看，应提倡分质供水，促进水利用良性循环的实现。实际上需要达到饮用水标准的只有饮食用水和洗浴用水；而大量冲厕、洗车和浇花的用水，再生水就可以满足。居民小区利用再生水回用就要求分质供水，因此建设分质供水系统是合理的。目前的问题是改造供水系统投入太大，因此可采取新区新系统、老区老系统的办法解决。

"分质供水"、"分区供水"在技术及经济效益上皆是可行的，从长远的观点看，集中分质、分区供水，在经济上可以为广大居民所接受，符合我国国情．不失为解决城市居民饮用水问题的有效途径。

从科学上讲，喝纯净水不如喝质量高的自来水。因为纯净水经过了深度提纯，在除去污染物的同时，也将许多对人类有益的物质，尤其是矿物质全部过滤掉，所以，长期喝纯净水会影响身体健康。要想解决百姓的饮水安全问题，关键是走出误区，治理好水环境，政府承担起保证饮用水安全的职责，这项工作仅靠个人或个别企业是不能解决的。

2. 分质供水的具体做法和问题

国外现有的分质供水系统，都是以可饮用水系统作为城市主体供水系统；而另设管网系统用于低质水、中水或海水供冲洗卫生洁具、清洗车辆、园林绿化、浇洒道路及部分工业用水等，这种系统统称为非饮用水系统，通常是局部或区域性的，是主体供水系统的补充。设立非饮用水系统，是着眼于合理利用水资源及降低水处理费用。

我们目前的分质供水，不少是以自来水为原水，把自来水中的生活用水与直接饮用水分开，即把自来水中5％左右的水再进一步深加工净化处理，使水质达到洁净、健康的标准，供应给家庭用户，达到直饮的目的。

应该说这种做法不太符合国际惯例和潮流，因为虽然每人每天喝的水只有2升，但是人类对其他用水水质的要求也是很高的，有研究表明，洗澡水中的污染物进入人体的占近1/3，如果只是处理了喝的水，而不处理洗澡水和煮饭、做菜的水，也不能保证人的健康。

目前我国实行国际惯例的分质供水的主要问题是如何保证非饮用水系统，即再生水的水质。目前已出现再生水发黄、腐蚀管道和水有气味的问题，连冲厕所都不好用。但这不是国际惯用的分质供水方法的问题，而是对再生水没有严格的标准，没有检测和监督的问题。德国自 20 世纪 80 年代末做到了自来水直饮，柏林使 1/3 的再生水回到主体供水系统供饮用，完全靠一套严格的制度来保证。据 2014 年 5 月的报道，在北京，生活污水净化首次达到了饮用水标准。其实这是在德国 35 年前就已做到的事，而且价格可以为今天的北京居民接受。所以，只要我们水环境的专家、技术人员和管理人员齐心协力，把失去的时间追回来，自来水直饮是完全可以做到的。

当然，国外的主体供水系统直饮也发生过一些其他问题，如在伦敦试行分质供水系统时就有小孩淘气、老人糊涂喝非饮用水系统的水，导致个别小区拆除了非饮用水系统，但这类问题都可以，并已经通过宣传和习惯解决了。

能喝上"淡化海水"吗？
——全面分析水资源配置

由于自然和人为的原因，地球上发生了一场把淡水变海水的运动。而把海水变成淡水，保持地球海水与淡水的平衡，是应做的人与自然和谐的大工程。

淡化海水能喝吗？肯定是可以喝的，而且是直饮水，喝起来像纯净水，微甜。但是缺少了一些陆地淡水所含的矿物质和其他对人有益的物质，不过首先是可以设法补充，其次是作为饮用水来说，应该与原陆地淡水混合使用，而且比例不应超过 1/3。

1. 从经济和生态角度考虑适宜的海水淡化规模

从海水淡化产业规模来看，目前在世界上，从日产几吨的小型海水淡化装置，到日产百万吨的超大型海水淡化工程都在广泛应用。一般情况下，更大的工程，生产成本会更低。对于向市政供水的海水淡化工程，一般认为超过 5 万吨/日就达到了经济规模。

从生态影响来看，海水淡化对环境的主要影响在于浓盐水需要排回大海，如果不能快速扩散而在海洋局部聚集，会造成盐度显著升高，影响近海洋生态。但是通过优选厂址和有效的浓盐水排放安排，一般可以解决环境影响问题。如果海水淡化厂址附近有足够面积的盐场，用于接纳浓盐水，实现循环经济，则可以一举两得。

北京市现有水资源和即将投运的南水北调中线工程，在今后一定时期内可以基本满足用水需求，因此向北京输水的海水淡化工程的规模不宜过大。综合考虑，目前的研究结论认为，工程初期规模应在 100 万吨/日（即 3.65 亿立方米/年）左右。

（1）海水淡化的成本

对于建在渤海湾沿岸的日产 10 万吨（即 3 650 万立方米/年）以上的海水淡化厂，一般情况下，出厂成本为 5～6 元/吨（包括运行成本、折旧、贷款利息等，不含税及利润），具体价格受建厂条件、工艺选择、融资情况和生产负荷等影响较大。

对于日产百万吨的海水淡化工程，由于规模效益的作用，生产成本显著低于日产 10 万吨的海水淡化工程。北京海水淡化工程在充分挖掘技术潜力的前提下，还应充分优化投融资结构，争取优惠能源价格、财政补贴和税收优惠，以期进一步降低成本。

（2）输水的成本

输水技术属于成熟技术，短期内成本和价格会保持稳定。对于向天津供水的 100 万吨/日（3.65 亿立方米/年）海水淡化输送工程，到 2015 年的输送成本约为 0.6 元/吨。

2. 海水淡化厂建设的厂址与技术选择

（1）海水淡化厂建设的位置和分布

为了降低工程整体的造价和淡水成本，宜选择在尽可能靠近北京的沿海地区建厂。河北唐山曹妃甸和天津汉沽符合上述要求，可作为备选厂址。如果工程规模较大，可考虑同时在两个地方建厂，以保证能源供给，缓解环境压力。

同时，在渤海海滨建厂必须考虑海滩水浅和水交换能力差，从而会增加盐度、导致海洋生物死亡、近海生态系统破坏的问题。

（2）几种不同技术的成本和前景比较

目前产业化的海水淡化技术有多阶段冲洗、反渗透、电渗析、膜软化和蒸馏等多种方法，主要是蒸馏法（包括多级闪蒸和低温多效蒸馏）和反渗透法，其他海水淡化技术没有显示出在近期内可产业化的趋势。蒸馏法和反渗透法技术各有优势，在适宜的条件下成本相当。在我国目前的社会经济条件下，低温多效蒸馏和反渗透更具发展潜力。对于超大型海水淡化工程，两种技术联用有可能取得更低的海水淡化成本。

3. 海水淡化水与陆地水的水质比较

海水淡化水的含盐量较低，尤其是钙、镁等离子含量明显低于陆地水。海水淡化水水质造成的问题主要有两个方面：

（1）对现有市政管网造成腐蚀

由于海水淡化水中钙、镁等离子的含量较低，因此对市政常用的铸铁等管道有腐蚀作用，如长期使用，可能造成管道损坏，以及水质污染。

（2）对人体健康的影响

有观点认为，海水淡化水中钙、镁等离子的含量较低，会造成人体摄入的钙、镁等矿物元素不足。但主流观点认为，人体摄入的钙、镁等矿物元素主要来源于食物，饮用水提供的矿物元素可以忽略，即便饮用水完全不含矿物质，也不会影响人体健康。目前全世界有超过2亿人使用淡化水作为饮用水，中东等地区大规模使用淡化水作为饮用水已超过半个世纪，我国在海岛地区大量使用淡化水作为饮用水也有十多年的时间，均没有出现对人体健康不利的报道。

为了解决上述问题，通常在海水淡化水进入市政管网之前，提高其矿物质的含量，方法是可以与现有陆地水掺混，也可添加钙、镁等矿物元素。至于其他对人体有益的物质，主要不靠水摄入，可以忽略。

4. 输水的途径及成本

（1）全程管道输水至北京

设想中的向北京供水的100万吨/日（3.65亿立方米/年）淡化海水输送工程，工程投资约为80亿元，可设置3个加压泵站，成本约为2元/吨。向天津输送100万吨/日（3.65亿立方米/年）的淡化海水工程投资约为 15 亿元。

（2）输水至天津，天津把南水北调的份额给北京

南水北调中线工程同时向北京和天津供水。如果将天津的供水份额给北京，用海水淡化解决天津的缺水问题，从经济和技术角度都是更合理的。

为了配合上述调整，天津需要建设相应产能的海水淡化工程和配套管网，同时已经基本建成的南水北调天津干线工程和市内配套工程将闲置，天津市内自来水的供水成本将大幅升高，需要中央和地方相关政府部门充分协调，增加投入，确保其经济可行性。

淡化海水当然是能喝的，作为缺水的补充也是必要的，但是海水淡化厂的建设目前应该适度，主要在近海地区利用，因为存在成本、输送、耗能以至 CO_2 增排等许多问题。但是海水淡化是有前途的，甚至是人类根本解决淡水短缺的方法。

如何让我们吃上真正的绿色食品？
——没有好水哪来的"绿色食品"

现在"绿色食品"一词风靡世界，在我国，虽然比发达国家迟了几年，但其风更甚，从专家到公众都大谈"绿色食品"。

1. "绿色食品"的一般说法

我们习惯于给未知事物下定义，现在比较主流的说法是："绿色食品是没有污染的、安全的、优质的、营养类食品的统称。"由于与环境保护有关的事物一般都冠以"绿色"，这是为了更加突出

这类食品是出自良好的生态环境，所以定名为绿色食品。绿色食品要按照特定的方式生产，经过专门机构认证，才许可使用绿色食品标志。

实际上，所谓安全只是生产中允许限量使用人工合成化学品，即在生产加工过程中允许合理使用化学农药、化肥和添加剂，把农药残留限制在规定的范围内，无污染也只是将污染控制在规定的范围内。因此绿色食品并不是完全无污染的安全食品，而只是在无污染环境中种植，以全过程标准化生产或加工的农产品，严格控制了有毒和有害物质的含量，符合国家健康安全食品的标准。

同时，又规定绿色食品必须同时具备以下条件：

① 产品或产品原料产地必须符合绿色食品环境质量标准。

② 农作物种植、畜禽饲养、水产养殖及食品加工必须符合绿色食品生产操作规程。

③ 产品必须符合绿色食品生产标准。

④ 产品的包装、储运必须符合绿色食品包装、储运标准。

2. "绿色食品"之我见

其实关于"绿色食品"在国际上也没有严格的定义，因此更不可能有严格的标准。实际上"绿色食品"是一个"可持续发展"的概念。作者自1979年在联合国教科文组织接触到这一创新理念后，致力研究35年，最深的体会是"可持续发展"就是区别于"西方传统工业化"的发展。

具体到"绿色食品"来说，农耕社会的农产品都是"绿色食品"，但这些食品也不可避免地有污染，有不安全因素，只不过与工业化以后的农产品有数量级的差别。反之，按工业化进行的农业生产的产品就不是"绿色食品"。

工业化农业的农产品与传统农耕产品的差别在哪里呢？且不谈争议很大的转基因作物，差别在于用化肥，用农药，更大的差别在于水、大气和土壤的生产环境都变了。而最重要的改变是水环境的改变，地表水和地下水都受到了程度不同的污染。水是生命之源，也是农作物之源，因此是食品"非绿色"因素的最主要来源。

3. "绿色食品"的问题在哪里

据联合国教科文组织研究，绿色食品的非绿色因素 50％以上来自于水，约 25％来自于化肥，约 15％来自于农药。

也就是说，虽然"绿色食品"不用化肥、不用农药，在大棚中种植相对减少了大气污染，无土栽培消除了土壤污染，但它也无法消除水污染这个主要因素。而目前不仅我们的农户，就是绿色食品生产基地也无法控制河流和地下灌溉水源的污染，因此一半以上的非绿色影响无法消除。

应该说，目前我们的大部分"绿色食品"是"准绿色食品"，而生产真正的"绿色食品"的责任就落到了我们的水环境专家、干部和工作者肩上，提供良好的水环境是生产"绿色食品"的根本。

我们的工作必须从实际出发，例如作者参与过处理江南跨省水污染事件，发现当地的农作物生产完全摒弃了传统的农耕方式，再不挖纵横成网的河中的淤泥做肥料，而是用化肥，结果造成河泥没人管，严重污染河水，以致造成后患无穷的本底污染；而用化肥又造不出"绿色食品"，完全违反自然规律，造成了恶性循环。所以应形成制度，依照农耕传统挖河泥，制造绿肥，这样不仅可对河道治污，生产了绿色产品，还催生了环保新企业，这种一举三得的事情难道不比提倡"绿色食品"更应成为我们水环境工作者的责任吗？

实际上，传统农耕产品中也不全是绿色因素，只不过非绿色因素很低而已。而化肥和农药不是不能用，但一定要控制用量，如果年年过量使用，使得土壤基本失去自然肥力，后果则十分严重。至于灌溉水也不可能是Ⅳ类以上，但日益变差是要贻害子孙的。

北京的水问题在哪里

作者两岁来到北京，至今在京居住了 68 年，对北京近 70 年水的变迁有感性认识。自 1998 年起，专门研究北京的水资源已有 16 年之久，走遍了北京的大小河湖、高低山峦，北京的水变迁令人触目惊心，解决这个"令人揪心的"问题是北京成为和谐宜居国际大都市的当务之急。

北京真正的水危机在哪里？
——深刻理解和把握北京水安全面临的严峻形势

北京存在水危机，水资源是北京"最让人揪心的事情"已经是共识。但是，从水科学来分析，对北京的水危机究竟在哪里并没有真正的共识。

北京最大的水危机并不在"没水喝"。发达国家居民生活用水平均为 80～85 立方米/（人·年）。所以，如果北京只保留行政和事业单位、高技术产业及服务业，目前 124 立方米/（人·年）左右的自产水资源量就可以应对。最严重的问题是北京的水生态系统可能被逐步破坏甚至崩溃，而在这一过程中，北京的水环境将越来越使北京成为不宜居的城市。

1. 北京最根本的水危机是水生态系统危机

北京最根本的水危机是水生态系统危机，这主要是由北京缺水造成的，此外，全国性的水环境治理理论、政策和技术的误区与偏差对北京也有重大影响（相对而言，北京在《21世纪初期首都水资源可持续利用规划（2001—2005）》新思想指导下做得较好），节水力度仍亟待加强。

地下水埋深是水生态系统以至生态系统最基础、最根本的指标，一个区域是森林、是草原、是荒漠、是沙漠、是绿洲，最主要取决于降雨量和地下水埋深这两个参考量，地下水就是大自然赐给人类的"水库"。北京的地下水埋深连年降低，五环以内的植被都要靠人工灌溉，而北京自来水的60%靠地下水，结果是越抽地下水，埋深越下降，植物根系离地下水的距离越大，直至地下水要从百米深层抽取，植被全靠浇灌的恶性循环形成。朱镕基总理2001年在国务院总理办公会上针对这个问题指出北京地域生态系统的崩溃"绝不是危言耸听"。

在20世纪50年代初，北京平原地区的地下水埋深为3~5米，作者亲身经历在郊区农村，井绳一般不超过8米；在城区，还有不少地区的居民饮井水。到2000年作者主持制定《21世纪初期首都水资源可持续利用规划（2001—2005）》进行调查时，北京的地下水埋深已下降到23~25米，即在半个世纪内下降了20米，平均年下降0.4米；而在20世纪80年代以后，平均年下降速度超过0.6米。自2000年至今，北京的地下水埋深又下降了近12米，平均年下降0.9米，埋深已达到35米左右。以这个速度继续下降，到2030年将下降到50米以下，这是森林系统崩溃的极限。

2. 对水环境问题的认识与措施要走出误区

前面已经写到"饮用甘泉，临绿水青山"是中国人民自古以来的"中国梦"。改革开放至今，我国的经济总量已居世界第二位，30 多年完成了西方近百年的经济发展历程；我国航天事业已跃居世界第二位，以 30 多年完成了西方近 50 年的发展历程。从重要领域来看，唯有水环境治理，与德国、英国和法国在 20 世纪 50—80 年代的水环境治理相比，投入不少，效果不佳，这是不争的事实。

在制定《21 世纪初期首都水资源可持续利用规划（2001—2005)》（简称《首都水资源规划》）以前，作者对北京的水环境做过详细的调研，如久居城区、20 世纪 30 年代就在老北京大学工作的几位老职工说："现在新科学名词很多，'水环境'，没有水有什么'水环境'？解放初期老干部修了龙须沟、北河沿。今天的水环境专家为什么不解决城区没有一条河有水的问题呢？"倾听百姓呼声，我们把北京水源的建设作为重点纳入了《首都水资源规划》中，以后又提出"千顷碧波变生态，三环清水绕京城"。

在北京这样的特大城市中，高楼和环路的建设已居世界前列，而对民生同等重要的城市水网水系建设却严重落后。更为重要的是，水环境直接关系到人民，尤其是婴幼儿和老人的健康。

为什么出现这些问题呢？原因是多方面的，但是最重要的是结合实际和创新理论的问题。过去基础理论研究不足，对水资源、水环境和生态水没有进行大系统分析，单纯强调建污水处理厂；技术路线比较偏颇，没有强调适宜技术；水环境治理的顶层设计指导思想不够明确，总体规划经常流于形式；缺少一个时间表，更缺乏专家与官员对上述工作承担责任的机制。有的基层干部说："这是老百姓都看得见的问题，我们说没用。"

30 年来，市政府环境保护部门做了大量工作，取得了一定成绩，但也有"九龙治水"的问题。目前最为重要的是"必须建立系统完整的生态文明制度体系"，"完善环境治理和生态修复制度"。过去也不是没有制度，但制度的系统性与科学性较差，在下述方面亟待创新。

十八届三中全会的《决定》提出了"必须更加注重改革的系统性、整体性和协同性"。水环境工程科学是一门新学科，其基础研究不是公共卫生学和化学的简单延长，而是以系统论、生态学、水文学、水生物学、统计学、概率论和协同论为指导的多学科交叉综合，要想创新基本概念，各级，尤其是高级研究者应该树立终生学习的科学态度，缺什么补什么，中央领导肯定的这一观点也完全适用于北京的水环境治理。

（1）加深"生态水"新理念的认识

把水资源与水环境割裂开来的认识是片面的，北京没有足够的水资源量，如果不保证生态水，就不可能有好的水环境。

（2）加深对地下水的认识

北京地下水的过度抽取和地表的排污渗漏严重影响了地下水的水质，使得地下水环境日益恶化；而地下水环境的基础研究又十分薄弱，地下水的监测、回补和除污等水环境技术严重滞后。

（3）以系统论为指导，重新认识水环境治理

水资源、水环境和水生态构成的水系统是人与生物圈的生命共同体，属于钱学森先生提出的非平衡态复杂巨系统，该系统的平衡不是算术的线性平衡，而是函数的平衡；不是静态的平衡，而是动态的平衡；不仅是量的平衡，而且是质的平衡。水环境治理应以系统论为指导，遵循自然规律全面进行，而不是简单地建污水处理厂就能解决问题。

（4）"节水就是治污"的理念使水资源与水环境
在理论上统一

早在 2000 年就提出了"节水就是治污"的理念，不能只强调修建污水处理厂和提高污水处理级别，否则无限度地兴建污水处理厂耗费了大量的土地、财力、能源和人力；而且，在污水处理的同时释放大量的 CO_2，加剧了温室效应。人们对这个基本理论的认识一直不够清楚。

（5）要按中央水利工作会议肯定的"水（资源）功能
区"来治理水环境

要想真正实施水环境治理，既不可能，也无必要把所有水域都治理到Ⅲ类以内，因此必须把水域分成饮用、生活、生产、航运和景观等多个功能区，在不同区域以不同技术按不同要求治理。

（6）针对北京的具体情况，遵循自然规律，
有科学的态度

如在北京西北郊自备水源的高校，不应过度提"绿色校园"，这些校园的绿化已经很好了，而由于长期抽取，地下水的碱度已经较高，居民都清楚，再过多抽水浇树，使碱度更高，就违背了自然生态系统的规律。

北京的城市建设如何科学地进行生态修复？
——尽快拿出治理方案，确保取得实效

北京如何科学地进行生态修复，除了进行全面详尽的实地调研和追溯北京的生态历史以外，那些世界上的纬度和气候与北京相近的、

生态良好地区现有的生态系统都可以作为北京生态建设的重要参照。

1. 北京生态修复的原则

习总书记在对十八届三中全会《决定》的说明中明确指出："我们要认识到，山水林田湖是一个生命共同体，人的命脉在田，田的命脉在水，水的命脉在山，山的命脉在土，土的命脉在树。用途管制和生态修复必须遵循自然规律，如果种树的只管种树、治水的只管治水、护田的单纯护田，很容易顾此失彼，最终造成生态的系统性破坏。由一个部门负责领土范围内所有国土空间用途管制职责，对山水林田湖进行统一保护、统一修复是十分必要的。"这应是北京生态修复的总原则。

同时，北京的生态修复要建立在"以水定人"从而"以水定城"的基础上，至 2013 年年底，北京人口为 2 115 万，近年来，户籍人口年自然增长约 11 万，实行单独二胎政策后，每年约增加 5 万，即到 2020 年，北京户籍人口自然增长约为 130 万。如果非户籍常住人口不再增加，届时北京人口将达到 2 245 万，考虑到非户籍常住人口的自然增长，北京人口将接近 2 300 万。

届时人均水资源量仅为 209 立方米/（人·年），仅为维系可持续发展最低水资源量 300 立方米/（人·年）的 2/3，已接近生态系统严重破坏的危险红线。

因此，北京严格控制人口的政策是：除自然增长外，人口不能再增加，即到 2020 年把北京常住人口控制在 2 300 万左右。

2. 国际比较的借鉴

纵观全球，与北京纬度和气候相似的是德国的柏林地区、法国的巴黎地区、西班牙的马德里地区和美国的华盛顿地区。其中更为相似的是巴黎和柏林，但巴黎地区距海较近，而柏林地区人口密度较低。马德里地区和华盛顿地区与北京差异较大：马德里地区距海较远、海拔较高、较为干旱，华盛顿地区距海较近、较为湿润，它们分别可以作为参照的下限和上限。具体情况如表 6-1 所列。

表 6-1　北京与相似国际地区情况比较

内容 ＼ 地区	北　京	巴黎大区（法兰西岛）	柏林地区（包括周边的勃兰登堡部分地区）	马德里自治区	华盛顿地区（包括周边的马里兰州部分地区）
纬度（北纬）/（°）	39.50	48.50	52.30	40.20	38.50
年降雨量/毫米	576	619	580	412	1 000
年均气温/摄氏度	13.4	10	9.4	16	20
最近距海/公里	170	140	175	268	110
面积/万平方公里	1.64	1.20	约 1.46	约 0.80	约 1.05
人口/万人	2 069.3	1 300	约 500	约 550	约 601
城区海拔/米	43.5	178	35	650	62.5
居民数/（人·平方公里$^{-1}$）	1 262	1 083	343	688	572
大规模生态修复时人均 GDP/（1950 年美元·人$^{-1}$）	15 000（2013 年）	约 10 400（1950 年）	约 12 800（1955 年）	约 10 200（1965 年）	约 13 000（1950 年）
生态基本修复所用时间/年	预计 12	～15	～15	～20	～12

其中柏林的降雨量并不比北京多，但保留了大片湿地；绿化面积很大，种的是当地适宜的树种和草种。马德里的降雨量只有北京的七成，但采取了"宜林则林，宜草则草，宜荒则荒"的原则，虽然看起来有"秃山"，但狼群已经回归，说明科学地修复了自然的生命共同体。

3. 建设与修复水环网是北京的当务之急

自古以来城镇就傍河而建，一是为取水，二是为运输。北京是世界上不以这种考虑为主要因素而建成的少数大城市之一，不少外国朋友到北京来都问："北京为什么不临河?"其实公元1151年金朝迁都北京时是以今天西城（原宣武）区的莲花池为中心的，距永定河很近。后来元朝灭金，把元大都向东北迁，一方面是由于当时称为"无定河"的永定河经常泛滥，所以避水而建；另一方面是由于城市扩大，莲花池水源不足，所以开始向西北寻找新水源。自"以水定城"的元大都建成后，逐步把城区稳定在今天的位置。

（1）水环网建设

城镇水生态系统建设就是要在城镇建设用于沟通河湖和湿地的水系环网，目前我国各大城镇都开始了城镇生态系统环网的建设。到2020年，有可能把北京市的人均水面提高到近5平方米。

在北京城市水环网建设中，首先要建设地表水网，恢复城区原有的河流；而且要有下水管网系统，集中排放污水，排水口要远离自来水厂的取水口；还要根据河水流速具体计算河流的自净能力，科学设置排污口。

（2）迎水而建还是近水而建

今天的城区扩大和城镇建设不应该迎水，而要近水而建。近水而建不能侵占河道,要保护城市的健康河流。

近水而建的防洪措施不能是单一的修堤,要留下足够大的蓄滞洪区,非汛期时蓄滞洪区用做公园、足球场或高尔夫球场。若需修堤,则其原则是不能造成"悬河"。

(3) 保证足够的水面

水是基础性的自然资源,是生态系统的母体,人造城镇聚集了大量的居民,与依附自然生态系统的农村相比,极大地改变了人与水面的比例。为了保障城镇生态系统的良性循环和良好的生活环境,要像自然生态系统一样,尽可能保证一定的人均水面。参照国际经验,一般以 5 平方米/人以上(较大的自然河流应乘以生态效应的倍增系数)为宜,北京市在 20 世纪 50 年代初期约为 5 平方米/人,而现在仅为 1.5 平方米/人。

城镇水面有防沙、防尘尤其是微颗粒,改变城镇小气候尤其是避免城镇热岛效应,以及制造宜居环境等多重功能。城镇的水面建设应尽量利用再生水。再生水回用是缺水城市扩大水面的主要来源。

流水的生态效益大大高于死水,其大小取决于流径位置、河面大小和水量。伦敦、纽约和东京都靠海,柏林市区内有大片天然湖泊。而巴黎、罗马和莫斯科这三个内陆城市,巴黎中心塞纳河穿过,罗马中心有台伯河穿过,莫斯科中心有莫斯科河穿过。穿城河流如果水质达标,即达到Ⅲ类,流速大于 0.5 米/秒,则其 1 平方米水面的生态效益大于 10 平方米死水的生态效益。

(4) 高度重视看不见的水——地下水

城市水问题最容易忽略的是地下水,北京的地下水已过度超采。城镇地域也有一个包括地表水、土壤水和地下水的水生态系统，因此城镇建设不能全面水泥化——"全面硬化"，否则会破坏地表水和地下水循环，隔断地下水来源。除了留出绿地以外，能用碎石、木屑替代水泥铺地的尽可能替代，不能替代的也要多用渗水砖，这样不仅能保证水循环和起到防洪的作用，还消除了因全面硬化带来的城镇热岛效应。全面硬化是传统工业经济时代的城建观念，在循环经济理念指导下，发达国家已经开始转变这种观念，对于能不硬化的地面尽可能不硬化。

（5）继续提高再生水回用，关键是保证再生水质量

目前，北京的再生水回用已占总供水的近 20%，占全国再生水回用量的 1/3，走在前列；而且还提出了新建小区一定要装再生水管线，这些都是正确的措施。但关键是必须保证再生水的质量，否则非但不能使水得到循环利用，反而会造成巨大的浪费。由于有的再生水色黄积垢，不洁有味，有些居民已经自断了再生水管，又改用自来水冲厕所了。因此，再生水的处理一定要严格按照工序进行，并建立行业标准，监督实行，把住质量关。

最重要的还不在于表面的数字，而在于水网建设应"湖是湖，河是河，湿地是湿地"，换句老百姓的俗话说就是："湖不是脏水坑，河不是长条湖，湿地不是放一片水。"北京城区的主要水面是湖，水质一定要保持在劣Ⅳ类以上。自《首都水资源规划》实施以来，北京已修复了一些河流，但多是叠橡胶坝蓄水，形成了水几乎不流动的"长条湖"，水质也不达标，生态功能低下。北京城区的湿地修复不多，应进一步扩大；但一定先进行认真的生态史研究，修复海淀、朝阳、通州和大兴的次原生湿地，而不是靠专家指一片

地放水那样简单。相信本着这些科学原则，北京的水网一定能修复。"金城银城，不如绿水青城"，还居民一个"千顷碧波变生态，三环清水绕京城"的乡愁梦。

北京申奥如何解除了国际水质疑？
——在欧洲奥委会上解决水问题

2000 年作者有幸在全国节水办公室常务副主任和水利部水资源司副司长的任上兼任了北京奥申委主席特别助理一职，一仆二主，白天干水利，晚上干申奥，天天工作 12 小时，是一生中工作最累的一年。

国外对在北京举办奥运会的最大疑虑是环境，有的国际奥委会委员公开表示，鉴于北京的水和气的状况，2008 年奥运会不应在北京举办。

作为两个北京奥申委主席特别助理之一（另一个是魏纪中先生），作者负责环境问题，做了一些工作。首先是利用一切机会表述科学的环境观点：工业革命带来了今天的物质文明，极大地提高了人类的生产能力和生活水平，但是，也带来了污染生存环境和破坏生态系统的负面影响。

西方发达国家在发展过程中取得了巨大成绩，但经历了先污染后治理的进程，同时也积累了对地球环境的破坏。中国历史上的农业经济是本着天人合一的、维护生态系统的指导思想发展的，虽然保护了地球上的部分生态系统，但是生产力低下，随着人口的增加，日益贫穷。

今天我们共同追求可持续发展，发达国家不要指责发展中国家污染严重，环境恶化，应该回顾自己的发展历程，正是由于自己的发展才认识到环境问题，因此应该帮助发展中国家治理污染，而不要只为商业利益向发展中国家转移污染企业。发展中国家也不要过多指责发达国家污染的历史积累和今天仍占主要地位的份额，而是认识生存环境和生态系统破坏的严重性，不走先污染后治理的老路，尽最大努力防治污染，保护生态系统。

治污与发展应该可以达到和谐状态。只有发展了，才能更深刻地认识和有实力解决环境问题。双方应共同努力实现可持续发展，保护我们共同的地球家园。以上观点得到几乎所有奥林匹克界国际友人的赞许。

环境问题主要是两大问题，大气质量问题和水资源问题。对于大气的问题，作者只实事求是地做了以理服人的工作，并向领导汇报，由于业务领域和实在忙不过来，只是委托环保部门负责人做实际工作。

对于北京的水资源问题，我们做了一件实事，这就是在国务院领导指导下，在水利部的领导下，与北京市和海河流域委员会一起制定了《21世纪初期首都水资源可持续利用规划（2001—2005）》（以下简称《首都水资源规划》）。2001年5月23日，国务院正式批准了该规划，中央向上游地区河北的承德市和张家口市，山西的大同市和朔州市投入70亿元，向北京市投入10亿元，北京市自投140亿元，总投资220亿元，近30亿美元，于5年时间内全面系统地解决北京的水问题，以北京及周边地区的水资源可持续利用来保障北京与周边地区的可持续发展。这一规划不是专为申奥而做的。在历届水务局的努力下，使北京至今保住了水资源脆弱的供需平衡。但无论从内容上看，还是从时间上看都与申奥密切相关，这正是"以发展保申奥，以申奥促发展"。

2000 年 11 月 16—18 日，作者作为北京奥申委代表团团长参加了在华沙举行的欧洲奥委会第 29 届全体会议，所有欧洲国家的奥委会均派团参加，其中有 20 名国际奥委会委员，占可能参加投票的国际奥委会委员总数的近 1/5，而且其影响力远远超过人数的比例。

11 月 17 日，萨马兰奇邀候选城市代表参加包括国际奥委会委员的欧奥会执委会早餐会，作者作为中国代表团团长被邀参加。萨马兰奇准时到会，被选的欧洲委员都表现出了对他的相当尊敬，他走到哪一桌，靠近的人就站起来和他握手，作者也与他握了手，并互致："您好。"在早餐会上，萨马兰奇充分体现了老到的政治经验，说："这是最后一次对欧奥会的同仁讲话，只讲三句话。"这三句话充满外交辞令，句句字字斟酌，令人回味。

第一句是："我对波兰的热情接待表示感谢，大家都看到了，他们周到热情的接待表现了他们的能力。"潜台词是："我希望大家支持波兰加入欧盟。"

第二句是："我要退休了，感谢大家的支持。我希望我的继任人有足够的能力胜任工作，并得到大家支持，使奥运有更大的发展。"潜台词是："我的继任人应出自欧盟，只有欧盟的人才有能力，才会得到体育第一大洲的支持。"

第三句是："2008 年奥运会的候选城市代表也在场，最后的胜利者只有一个，但我希望落选者也应受到尊敬。"

看来一切都只可意会，不可言传，尽在不言中了。

大会议论了欧洲奥委会的《环境与体育大纲》，大会主席征求作者的意见。作者表示这是一个制定得很好的纲领，但对其中一句话"在体育活动中要监测水、能源和其他资源的消费"提出了修改意见，即改为"要监测水、能量和其他资源的消费并促进其循环使用"。当即得到了大家的一致赞同，会议主席说："改得好！但是我们这一稿已经几次讨论，并交付印刷了，实在没有想到还有这么好的实质性意见，明年新版时一定改！"

作者在会上发言："我在联合国工作过，其中一个原则是发展中国家优先，中国是一个发展中国家，所以看北京的水，不能只看今天，要看2008年的前景。我主持制定了一个《21世纪初期首都水资源可持续利用规划（2001—2005）》为奥运会做准备，用15分钟讲一下主要内容，大家看2008年北京的水能不能达到举办奥运会的要求。"

欧洲奥委会委员中没有一个是水专业的，但2/3都是博士，有较广的知识面和较好的科学态度，听完热烈鼓掌，都说："这真是一个切实可行的科学规划，从未见到这样的水治理规划。"作者抓紧时机说："这是北京市市长刘淇签字的规划，这是中华人民共和国总理朱镕基签字的规划，诸位相信不相信北京市人民政府，相信不相信中华人民共和国政府？"大家自然给了肯定的答复。作者说："感谢大家，那就投北京一票吧！"会后多位国际奥委会委员起身与作者握手。

在其他申奥的国际活动中，作者根据具体情况，有所取舍、有所侧重地反复介绍用可持续发展思想和生态系统观念制定的这一水资源规划，在澳大利亚、德国、英国、荷兰和土耳其等国得到了奥运界人士的高度赞赏，并利用这些人士多与商业水务界有联系的有利条件，欢迎他们加入这一规划，从而使他们认识到这一规划的科学性、可信性和现实性，自觉为这一规划做宣传。澳大利亚和德国的奥运界人士还提出为这一规划开研讨会。以上针对水问题所做的工作及宣传，为北京环境问题的一个重要方面提供了较圆满的答案，使得对北京水资源与水环境问题的质疑越来越少。在 2000 年国际奥委会对北京的评估中，以及 2001 年国际奥委会在莫斯科投票前的质询中，居然没有提一个有关水的问题，可见《首都水资源规划》对申奥做了切切实实的贡献。同时也令有关国际友人信服地认识到，北京的有关申办行动不只是口头宣传，也不只是急功近利，而是以科学发展观实现北京市的可持续发展，这恰恰应该是奥林匹克运动的最终目的。因此，北京超出预料地在第二轮获胜，实实在在地反映了世界人民认同的可持续发展的思想的胜利。

水历史也对办奥起到了巨大作用。申奥成功后，与时任水务局局长的焦志忠共同想到："北京自 15 世纪以来的干旱期应该不会超过 10 年，否则北京不可能维系乔、灌、草的针阔叶林混交森林系统。"焦志忠局长又派人去故宫查阅资料，北京自明初后没有 10 年以上的干旱周期。据此向当时的北京市领导建议，对北京奥运的水危机不必采取过度的准备措施（如 1964 年东京奥运会前遭受百年不遇的大旱，在奥运会前采取了关闭游泳池和浴室等措施）。结果 2008 年北京迎来了自 1999 年久旱后的第一个丰水年，不仅没有因可能采取的过度措施给北京奥运会带来负面影响，而且还节约了大量资金。

5 000 万吨晋水是如何进京的？
——京晋冀协同创新的实例与启示

2003 年 9 月 26 日 11 时，随着山西册田水库启动控制钮的按动，50 立方米/秒的晋水沿着干涸多年的河道奔腾而下，形成了

30 年从未有过的集中输水，30 年来，干涸的桑干河第一次成河，激流直奔首都；经过 180 公里、96 小时、整整 4 天的行程，进入官厅水库。国庆佳节的前夕，9 月 30 日 11 时 06 分，晋水进京了，到 10 月 3 日上午，形成预期的 35 立方米/秒的稳定流量，水质达到 Ⅲ类，10 月 7 日晚 8 时册田水库闸门落下，共放水 5 050 万立方米，完成了任务。到 10 月 11 日北京收水超过 3 000 万立方米，达到了预期的效果。面对澎湃的激流，我们百感交集。这相当于 15 个昆明湖的 5 000 万立方米的水来之不易。

这 5 000 万立方米的水是 1998 年底开始酝酿，在北京申奥的促进下，2001 年 5 月 23 日经国务院批准实施的《首都水资源规划》启动 5 年以来千千万万人的心血凝成的。

2001 年 2 月 7 日，朱镕基总理主持国务院总理办公会审查通过并高度评价了按照"先节水、后调水；先治污、后通水；先环保，后用水"精神制定的《首都水资源规划》。2000 年 9 月 25 日，温家宝副总理在全国城市供水节水和水污染防治工作会议上指出，作者主持制定的规划的指导思想"以水资源的可持续利用保障经济社会可持续发展"这句话讲得好。2000 年 6 月 15 日，当时的北京市委贾庆林书记和刘淇市长亲自率 20 多位厅局长到张家口市与河北省领导商谈协调，作者任水利部协调代表，在此前后，贾书记曾 3 次向作者专门做指示，刘淇市长也多次询问关注。山西省田成平书记亲自与我们谈话，对规划大力支持。河北省叶连松书记到宾馆房间与作者谈话，了解规划，支持规划。水利部汪恕诚部长更是直接指导规划的制定。

晋水进京是山西、河北和北京三省市人民自觉打破自家"一亩三分地"的思维定式，顾全大局，舍小河"小家"，为流域"大家"，在《首都水资源规划》指导下辛勤劳动，完成规划中工程的、生态的和经济的各种项目的结果。山西人民在连续三年枯水的情况下，把上游蓄水容量的一半以上放向了北京。河北人民在河道多年干涸的情况下，各级政府严密组织，清除障碍，坚守巡查，使晋水比较顺利地流向了北京。

晋水进京是山西、河北、北京，以及水利部和海河水利委员会广大水利职工不辞辛劳、日夜奋战的结果。山西的同志两库联调，在汛期未过时高位蓄水，尽最大努力多放水；河北的同志严密组织，亲身参与沿线的输水保证工作，尽最大努力减少损失；北京的同志，严阵以待，全面监测，尽最大努力保证收水的效果；海河水利委员会的同志，编制方案，查看水头，监测水量、水质，一直奋战在第一线。

1. 下放 5 000 万立方米水的决策

2003 年北京在连续经过 4 个半旱年以后，河流已形不成径流入库。到 8 月底北京供水储备已不敷 10 个月之需，形势十分严峻。

（1）集中放水的调研

鉴于首都水资源的形势，作者于 7 月 26—27 日主持召开了首都水资源可持续利用协调小组密云会议，决定分 3 个小组对规划区北京上游的河北承德市和张家口市、山西大同市和朔州市进行全面检查。实际上自 2003 年初以来，山西一直以 1 立方米/秒左右的流量下泄，但如此小的流量经过 180 公里的河道到达官厅水库时，可以说已是滴水无收了。针对这种情况，作者提出了采用集中输水的措施，以确保收水效果的设想，得到了山西省水利厅的认可。

（2）集中放水的决策

决策形成以后，2003 年 8 月 25 日，作者检查了大同市御河治理工程和御河灌区节水改造工程。与大同市马福山副市长、大同市水务局有关领导进行座谈。大同市表示同意协调小组的放水 5 000 万立方米的设想，不讲任何条件全力完成年度目标。确定了东榆林水库和册田水库联合调度，东榆林下泄 1 000 万立方米，册田水库下泄 4 000 万立方米的方案。

（3）集中放水的决定

2003 年 8 月 26 日晚，作者到太原，与山西省水利厅李英明厅长座谈。李厅长表示，集中输水工作已向范堆相省长作了汇报，山西省领导完全支持协调小组的决定，并表示以前小流量下泄水量可以忽略不计，山西省无偿下泄 5 000 万立方米的水，水质达到 II 类。

在决策过程中还遇到因桑干河河道长年无水，当地农民在河滩地种植庄稼尚未收割和河道中有阻水建筑等种种问题，大家在规划指导下顾全大局，使得问题得以一一解决。

2.5 000 万立方米晋水是如何放下来的

这次集中输水之所以能够实现和成功，主要是以下几个方面工作的成果。

（1）《首都水资源规划》初见成效

当时，《首都水资源规划》项目的农业节水工程已到位投资 1.3 亿元，部分农业节水项目已经完成并初见成效。如朔州市桑干河灌区节水改造一期工程完成，2003 年开始发挥节水效益。以前采用大水漫灌方式，每亩灌溉用水 400 立方米，经过节水改造后，每亩灌溉水量为 150～200 立方米，年节水量达到 500 万立方米，确保了东榆林水库向下游的册田水库输水 1 000 万立方米。

（2）山西建设节水型社会

山西省年人均水资源量仅为 457 立方米，水资源量折合地表径流深仅为 91 毫米，是我国严重缺水省份之一，供需矛盾十分尖锐。但是山西省委、省政府按《首都水资源规划》精神提出了"节水山西"的发展战略，发布了山西省用水定额，计划用水，计量用水；实施工业结构调整，采用先进的技术和工艺，提高节水水平；加强废污水的处理回用工作；提高水价和水资源费，运用经济杠杆调节，使得工农业增产，而用水量不增反而略有下降。

（3）顾全大局，统一调度

大同市和朔州市的降雨量较前几年相对偏多，项目区水库蓄水量增加。在此基础上，在汛期未过的情况下，高位蓄水，两库联调，顾全大局，挖潜放水 2 300 万立方米。

（4）精心组织，保证放水

山西省做了大量、周密的准备工作：一是水库提前下闸蓄水，尽量减少用水和损失，确保水库蓄水量；二是对省内输水河道进行整治，确保河道畅通，减少输水损失；三是根据水库及河道条件，制定放水方案；四是水文部门制定监测方案，为放水工作提供决策依据；五是做好宣传工作，让各界群众和有关部门顾全大局，积极支持，相互配合，确保输水成功。

3.5 000 万立方米水是如何输过来的

长达 180 公里的输水线路绝大部分在河北境内。

（1）河北省输水前的准备工作

2003 年 9 月 11 日，"21 世纪初期首都水资源可持续利用规划协调小组"下发了《关于从册田水库向官厅水库集中输水工作的通知》以后，河北省高度重视，省协调领导小组专门下发了集中输水实施方案，张家口市在县、乡、村各级人民政府均组建了调水领导小组，及时发出公告，指导当地群众，全力配合输水工作，输水经过的各路口都设立了警示牌，明确了专人 24 小时值班。河滩地种植的农作物除了向日葵、水稻不能抢收外，种植的玉米基本抢收完毕；阳原县桑二灌区引水口双层封堵，壅水坝已经拆除。河北涿鹿县城排污封堵工程已经完成，于 9 月 25 日做好了输水前的一切准备工作。

（2）桑干河河北段集中输水过程

山西册田水库于 9 月 26 日 11:10 正式开闸放水。

9 月 27 日 16:00 分，册田水库的水抵阳原县揣骨瞳大桥，由于河道多年不过水，形成坑洼，比预计时间迟到 4 小时。流量为 15～20 立方米/秒，流程达 55 公里。

9 月 28 日 8:00，册田水抵阳原县八马坊，由于河道多年不行洪，主河道不复存在，流水漫滩，前进艰难，流程仅为 62 公里。

9 月 29 日 16:50 分，册田前锋水头进入涿鹿县境，到 19:50 分，册田水正式进入涿鹿县境，初期流量为 8 立方米/秒，流程 123 公里，距放水时间 77 小时 40 分。

9 月 30 日 8:00 左右，册田水流出涿鹿县境，到 11:06 分，册田水进入官厅水库，距放水时间 96 小时，入库时流速为 8.29 立方米/秒，至此，册田水库集中输水全线过流。

4.5 000 万立方米晋水进京的启示

5 000 万立方米晋水进京，对京晋冀协同创新发展具有重要意义，在节水、水权、管理体制、水价、生态和科技等方面都给了我们新的启示。

（1）京晋冀协同节水——输水的保证

当时，我国万元国内生产总值的耗水量是世界平均水平的将近 4 倍，而我国人均水资源量又只有世界平均水平的 1/4，因此，我国解决水资源短缺问题的首要手段是节水。

从这次调水可以看到，如果山西不有效地节水，水放不下来；如果河北不节水，不控制用水，还可能中途截流，水输不过来；同时，北京的节水措施和水价政策也大大激励了山西放水和河北输水的积极性，如果北京不节水，这 5 000 万立方米的水也是杯水车薪。

（2）在城市化的进程中保证水资源供需平衡——
水权问题

从根本上说，输水和调水是一个水权的问题，《水法》规定水资源属国家所有。一条河的水，是属全流域居民所有的，上游农民有权用，下游城市居民也有权用。《首都水资源规划》的成功，正在于比较成功地分配了水权，如山西在平水年下泄北京 1 亿立方米的水，而在枯水年下泄 6 000 万立方米的水。水权的合理分配是这次输水的前提。

（3）统一管理是输水的保证——体制问题

很明显，没有统一的管理，水权是难以分配的，即使名义分配，也难以实施；没有统一的管理，没有首都水资源可持续利用协调小组，山西节约的水也难以用到下游上；没有统一的管理，河北省也无法由政府组织落实输水保证。在这次输水的全过程中，大同市、朔州市和张家口市的水务局起到了重大作用，这种新兴的水务统一管理体制展现了它保证水资源供需平衡的优势和活力。

（4）区域协同优化配置水资源——国家导向与水价杠杆

这次是无偿输水，有人问："上游山西的经济发展相对滞后，不应当给予补偿吗?"我们说："应当补偿，但补偿的方式是一个重要问题。"我们在制定规划时已经考虑了这一问题，规划总投资220亿元，上游山西和河北的70亿元投资全部由国家出，而下游北京的140亿元总投资，国家仅支持10亿元。

提倡以这种形式补偿为主，即国家支持经济相对落后地区发展经济、调整产业结构，提高水资源管理和节水的能力；在水权分配以后，如果上游节约自己水权份额内的水，则可以出售。同时，应该在下游经济较发达地区采取更为严格的用水定额和水价政策。

（5）上游应该向下游输水——生态问题

良好的生态系统是保持一条健康有水河流的基础。但是，如果上游把水蓄起来，造成河道长年断流，就会全面降低下游的地下水位，严重破坏生态系统，造成河流断流、湖泊萎缩、湿地干涸、土地荒漠化，则上、中、下游都将缺水。

所以这次晋水进京，是对多年干涸的桑干河流域生态系统的一次修复，受益的不仅是北京，也包括山西境内和河北输水全程的流域范围。应该在规划完成时保证桑干河像半个世纪以前一样，在平水年不断流，让"生态的太阳"重新照耀在桑干河上。

（6）输水为规划的完成提供了依据——科技问题

通过这次输水，水利部以及山西、河北和北京的全程监测，为集中输水的时机、流量控制、河道过水能力、输水漫溢范围、输水运行时间、污染治理效果和生态恢复等情况积累了第一手数据，据此进行科学分析和研究，为胜利完成规划提供了科学的依据。

至今从山西和河北向北京的集中输水已成规范，基本年年进行，2013 年度集中输水总量 7 041 万立方米，北京市净收水量 4 785 万立方米。至今 10 年集中输水共 4.6 亿立方米，不但对维系北京水资源的脆弱平衡起到了重要作用，而且使桑干河逐年过水，有一定的生态修复作用。

京密运河能衬砌吗？圆明园福海应如何修复？北京是种树还是种草？
——认识北京，记起乡愁

对北京的生态修复有许多具体问题，在这里主要回答几个。

1. 京密运河要不要衬砌

国内外城镇中都发生过衬砌河道或运河是否破坏生态平衡的争论。这类问题的解决要做定量的应用系统分析，要计算城镇中有百分之几的河道衬砌是不会影响水生态平衡的。国外在许多人工运河类的人工生态系统中都做了衬砌，因总量很小也不会影响生态平衡。城镇地表不能全面硬化，水底更不能全面硬化，所以应严格控制硬化的比例。日本京都在公元 9 世纪建设护城河已经明白了这个道理，在河底实行了分段局部衬砌。

2. 福海要不要衬砌

北京曾就圆明园水面恢复是否要衬砌引起争论，当时作者是全国水资源管理的具体负责人，多家电视台力邀作者发表看法，作为行政官员，作者谢绝了大部分邀请。但有一次被"逼"，做了如下回答："实际上以生态工程的理论分析，这个问题不难解决。和北京城区一样，海淀区地下水位下降严重，如果不衬砌就向园内的福海注水，等于以小小的福海来回补海淀区的地下水，显然是不合理的，圆明园作为一个企业来说更不可能承担。但是，如果砌成水泥底，那就不是恢复圆明园，而是造游泳池，显然不符合生态原理。所以，最恰当的办法就是建成略夯实的黏土底，既恢复了水面，又使圆明园可以经营，同时从另一方面说明了对生态工程的理解及其意义。"

此前没有在公共媒体上看到过类似的观点和文章，但事后几个月，有单位做出的工程方案正是这样做的。

3. 北京是种树还是种草

历史上，北京曾有大片的草原，长城以外有大片的优质牧场。历史上的北京成为北疆少数民族进入中原的门户，战争时期军队的破坏，少数民族入驻后的过度放牧，都对北京的草原造成了极大破坏。金代以后，北京成为大一统国家的首都，经济不断发展，人口不断增加。为了应对人口增加带来的压力，加大了对草原的无序开垦，草原面积逐渐萎缩。同时，随着人口的增长和城市的发展，草原被逐渐开垦为农田，草原在北京逐渐消失。

历史上的北京长城外的好牧场现在多已改为农田，从而将牧区北推，在草质不好、气候不利的地区过度放牧，这不仅是违反生态规律的发展，也是北京缺水的重要原因。所以应科学规划，逐步恢复北京的草原，修复自然生态。

在北京的城市建设中，有过种树还是种草的争论。实际上应该参照生态历史，本着宜草则草、宜林则林的原则，草林结合，修复北京生态系统。作者在有记录的会议上提出过如下看法："北京处于温带季风气候的半湿润地区，原有的是乔、灌、草相结合的植被，由于人口过多，地下水位连年下降，目前只相当于半湿润地区的下缘，难以维持半湿润地区的草地。因此北京的人工植被应该以耐旱树种和灌木为主，适当维持草地，同时要选择耐旱草种，这是最经济的绿化办法。其实最好的参照物是当地原始的或次生的植被系统，从北京周围的山区来看，应该是乔、灌、草相结合的植被系统。香山是自然生长而且维系了 500 年以上的次生林系统，可以认为是准原生态系统，香山的乔、灌、草相结合的植被系统就是北京植被修复的样板。"事后证明这是比较一致的结论。

在北京能修复一条健康河流吗？
——修复温榆河

北京已是有相当影响力的国际大都市，但是做到与自然和谐、百姓宜居还有较大的差距，最大的差距在于偌大的北京目前还没有一条健康的自然河流。所谓健康的自然河流就是长年不断流，且有一定的流量，水质应在 IV 类以上，也就是看得见的净水流。同时，两岸有原始次生态的植被系统。因此北京的当务之急是修复一条健康的河流。

在北京市的五大水系中，温榆河是唯一发源于本市境内且基本常年有水的河流。温榆河发源于北京市燕山南麓的昌平、延庆、海淀一带山区，干流河道白沙河闸至北关拦闸全长 47.5 公里。东沙河、北沙河、南沙河三条支流在昌平区沙河镇汇聚成温榆河干流，沿途依次汇入蔺沟河、清河、坝河、小中河等支流。古称温余水，自辽代称温榆河，至 19 世纪末，其流域还是鱼米之乡。

温榆河流域横跨《北京城市总体规划（2004—2020 年）》中提出的西部生态带和东部发展带，位于北京的心脏地带。流域内的海淀区和昌平区既是国家级高新技术产业基地，又是国际知名的高等教育和科研机构云集地；顺义区和通州区是北京重点建设的新城；朝阳区为中央商务中心。温榆河涵盖北京市城 6 区以及通州区、大兴区、顺义区、昌平区等区域，流域面积为 2 478 平方公里，流域内人口达全市近半。

温榆河属于北运河水系。北运河作为北京市最重要的排水河道，承担着《北京城市总体规划（2004—2020 年）》中确定的中心城区 90％的排水任务。

1. 目前温榆河的主要问题

（1）径流量低，河道设施过多，水流速过低

目前温榆河的年径流量在下游为 3.6～36 立方米/秒，相对河床来说流量过小，流速过低，已不是一条健康的自然河流。

（2）污水处理的量与质均不达要求

目前温榆河流域共建有肖家河、清河、北小河和酒仙桥 4 个大型污水处理厂，设计能力为 72 万立方米/日，实际处理量为 72.7 万立方米/日，流域内的 40 个乡镇中还有 30 个没有建设污水收集及处

理设施。

温榆河流域的污水量大，虽然部分污水已是经过处理后排放的，但仍然含有较多的污染物质，而且由于流域内污水处理厂的数量少，因此处理后的出水水质级别并不是很高。

（3）流域造林取得成效，但缺乏统一规划

目前在温榆河的不同河段已规划和造了不少林带，但缺乏统一规划，应在全流域范围修复原始次生林系统。

（4）流域缺乏统一管理的体制与法规

目前流域的确加大了管理和治理力度，但无论是规划、监测还是调配，都缺乏统一管理的机制，更没有相应的法规。

2. 集中力量、科学规划、责任落实，2017 年有可能将温榆河修复为健康河流

以现有条件，2017 年有可能将温榆河基本上修复为一条健康的河流。具体应从以下几个方面考虑：

① 水量可以满足。2014 年南水北调进京，到 2017 年达到满额，为 10.5 亿立方米，使北京的总水资源量达到 46 亿立方米/年以上；此外，应进一步加大污水处理后再生水的等级，提高利用率。利用再生水有可能把温榆河的年径流量提高到 3 亿立方米左右，流速可以达到常年平均 0.5 米/秒以上，基本成为健康河流。

② 在两岸恢复原始次生林生态系统。尽快统一制定两岸的造林规划，保证河岸至少 50 米以内种植以北京原始次生树种杨树、柳树和槐树为主的林带，逐步形成乔、灌、草构成的原始次生生态系统。

③ 保证流水质量，开始通过放养等方式恢复以鲤鱼、鲫鱼和青

蛙等原生物为主的水生态系统，逐步使微生物、水草等生物恢复到原始次生状态来构成生命共同体。

④ 建立流域污水排放限额和污水处理达标的法规，政策鼓励污水处理厂改善工艺技术，在此基础上科学布局，适当增建污水处理厂，从政策上对污水处理厂的运行给予大力支持，关键是利用经济杠杆使市场配置资源，促进污水处理后的再生水利用。

⑤ 修复规划的制定一定要创新，对温榆河流域要有较长期的实地研究，要有北京生态史的知识，由具有国际比较和考察经历的真才实学的多学科综合研究专家组成工作班子，规定阶段性目标，并签字承责。

⑥ 建立流域统一的管理和协调机构，制定相应的法规，确保各项措施的实施。

今天北京要建设国际一流的和谐宜居大都市，缺的不是高楼和环路，而是城市的健康水系。"金城银城"不如"绿水青城"，"绿水青城"就是"金城银城"，这是居民的呼声、国家的需要和国际的期望，该变变观念了。以生态史为据，哪怕先科学修复一条健康的河流——温榆河。

1999 年，作者作为德国政府的客人（德国政府每年邀请 1～2 名中国的著名学者在两周左右的时间内任选地点考察德国）访问德国，考察项目当然还是"水"。由于工作繁忙，在 10 天内考察了德国第二大河——易北河全流域。易北河长 1 100 公里，流域面积 14.8 万平方公里。作者亲眼见到德国在重新统一后，用了仅 8 年时间内就把包括原东德严重工业污染部分在内的全流域治理康复，使易北河又成为一条清澈的河流。我们有什么理由在经济发展程度相近（当时德国人均 GDP 1.8 万美元）的情况下不能把长度和流域面积仅为易北河的 1/10 和 1/6 的北京温榆河治理成健康河流呢？

温榆河科学修复的意义更在于其示范作用，北京的河已经多次出现 20 年来几次治理，但臭味不减的现象，如凉水河、坝河和通惠河等多条过城区的河流。温榆河建立责任制的根治将成为北京治河的样本。

京津冀如何按协同论协同创新？
——修复京津冀的母亲河——海河

党中央对京津冀区域协同创新高度重视，多次讲话，具体布置。十八届三中全会的《决定》把"系统"和"协同"上升为工作方法的总指导。作者的理解就是以"系统论"和"协同论"来提高治国管理的科学水平，京津冀协同创新理当以这种科学理论为指导。20 世纪末，作者作为改革开放后的首批出国访问学者，在欧洲原子能联营研究受控热核聚变，是我国首批把系统论的分支——协同论用于解决实际问题的人。作者认为根据协同论，京津冀区域协同创新首先要解决地域系统最不稳定的因素——严重缺水、重度污染、经常断流的海河问题，而协同论又是解决这一问题的理论指导。

1. 协同论应用于治水

水资源系统是一个开放的、非平衡态的复杂巨系统。如何通过子系统的协同行动而导致系统有序演化，正是水资源可持续利用的主要目的，即通过一系列的水资源调配措施，协调系统中水资源、社会、经济、环境和生态等子系统的关系，保持系统之间的动态平衡，实现水资源系统的良性循环和演化。

（1）以协同论指导水资源系统有序平衡

协同论研究表明，序参量决定系统的演变方向，系统由无序走向有序的关键在于系统序参量之间的协同作用。水资源优化配置的最终目的就是对组成水资源系统的各子系统的序参量进行调节和控制，以提高它们的协同作用，实现水资源的最优利用和系统的有序演化，从而合理开发水资源，使其水量消耗不超过补给量，满足环境需水要求，维持环境稳定，使水资源可以永续利用。反之，则会造成不良的环境问题，导致水资源利用的不可持续。

（2）协同论在水资源系统分析中主要决定于序参量

用协同论分析系统依靠序参量，序参量在水资源系统演化过程中起主导作用，由于水资源系统的复杂性，无法区分参量随时间变化的快慢程度，也就不可能通过坐标变换找出序参量，而只能按照确定序参量的原则，根据其代表的意义是否"支配其他参量的行为并控制演化进程"这一特性进行选择。

水资源系统的序参量控制水文循环规律和水资源开发利用状况。从水资源状况、开发利用程度和水资源利用效率等方面应确定的序参量有：

① 人均水资源占有量。人均水资源占有量是目前国际上衡量一个国家或地区可再生淡水资源状况的公认标准指标。

② 万元 GDP 新鲜水耗。指新鲜水耗（扣除了循环利用水及中水的重复计算）总量与 GDP 的比值，反映了节水降耗和水资源利用效率与效益，是循环经济水资源利用的主要指标。

③ 农田灌溉水有效利用系数。指农田灌溉用水总量扣除输送的渗漏和蒸发以及浇灌时非作物生长区和其他无效用水部分后的有效

部分占灌溉用水总量的比例。

④ 工业用水重复利用率。反映了在工业生产循环中水资源利用程度的参量。

以上 4 个序参量的前 2 个都是在作者主管全国水资源以后提出并进入统计指标体系的。

（3）水文随机模拟的蒙特卡洛方法简述

水文序列扣除确定性成分后，剩下的成分可以看成纯随机成分。对纯随机成分进行模拟，首先必须确定其服从何种分布。目前该分布只能以某种理论线性近似代替。

作者在研究受控热核聚变时成功应用的蒙特卡罗法（也称统计试验法）也是解决这类问题的方法。按照这种方法，首先应模拟 [0,1] 区间上均匀分布的纯随机序列，再将随机数转换为 P-Ⅲ 型分布的随机模拟纯随机序列。具体过程就不在这里赘述了。

2. 海河流域的水资源形势

海河流域包括潮白河（北运河）、永定河、大清河、子牙河和南运河五大河流，在京津冀晋蒙区域内的海河流域面积为 26.5 万平方公里，包括了北京面积的 90%，天津和河北面积的 70%，以及山西和内蒙古的一部分。目前该流域的常住人口超过 1 亿，GDP 超过全国的 1/10，耕地面积也超过全国的 1/10。但是该流域多年平均降雨量不及 500 毫米，而且 80% 集中在 6—9 月，丰枯变化十分剧烈，枯水年有些地区饮水困难，丰水年又洪水成灾。目前京津冀晋蒙的人均水资源量均在全国省市区排名 20 位以后，是我国最缺水的地区，海河断流、白洋淀湖泊萎缩、北京湿地干涸问题十分严重。仅在 1 个世纪以前，不但天津是水乡，河北是水乡，北京也是水乡，今天早已不复存在，水生态系统危机极其严重，全力修复迫在眉睫。

（1）海河流域京津冀水资源严重短缺、水污染十分严重

水资源短缺正在对京津冀协同发展形成严重制约。北京、天津和河北的大部同属海河流域的滦河和海河水系。京津冀地区水资源总量 258 亿立方米，其中北京市 37.3 亿立方米，天津市 15.7 亿立方米，河北省 197 亿立方米，区域人均水资源量 239 立方米，仅相当于全国平均水平的 1/9，耕地亩均水资源量 268 亿立方米，约为全国平均水平的 1/5，是全国水资源最紧缺的地区之一。

京津冀地区的现状是用水量 254 亿立方米，占水资源总量的 98.5%，基本上是"喝光、用光"，没有留生态水，已大大超过水资源可用量为 40% 的承载能力，因此水环境和水生态问题凸显。区域内主要河流的实测水量比 20 世纪 70 年代减少一半，平原河流约有一半河床干涸，11 个主要湿地水面比 20 世纪 50 年代减少了 70% 以上。范围内的人口增长和经济社会发展导致对水资源的总需求不断增大，水资源短板的制约很可能蔓延至整个区域，使区域存在水生态系统崩溃的可能性。

目前海河水污染更为严重，劣 Ⅴ 类水已达 40% 以上，Ⅴ 类水为 30% 以上，人不能利用，对人类有害的水已近 80%，是一条严重病态的河流。流域京津冀平原浅层可用地下水（Ⅳ 类以上）仅占 20% 以下，不可用的（Ⅴ 类以上）占到 60% 以上，直接威胁到京津冀人民的健康。同时，入海水量已达最低限度，且基本是 Ⅴ 类以下的污水，对海口生态系统造成严重破坏，若再不治理，海口的生态系统将很难恢复。

（2）贯通京津冀的北运河态势

北运河是流经北京市东郊和天津市的一条河流，为海河的支流。北运河的干流通州至天津段也是京杭大运河的北段，古称白河、沽水和潞河。北运河的上游为温榆河，源于军都山南麓，自西北向东南，至通县与通惠河汇合后始称北运河。然后流经河北省廊坊市香河县和天津市武清区，在天津市大红桥汇入海河。全长 120 公里，流域面积 5 300 平方公里。支流有通惠河、凉水河、凤港减河和龙凤河。北运河古称"御河"，是天津重要的一级河道，是海河干流的重要组成部分。

目前北运河总体的水质极差，劣Ⅴ类水达 80%，Ⅴ类水近 3%，人既不能利用，而且对人体有害的水高达 83% 以上，基本已成为一条丧失资源利用、环境作用和生态功能的河流。

3. 京津冀基本情况

京津冀是我国的政治、经济和文化中心，也是我国在新型城镇化过程中发展的城市群区域。其基本状况如表 6-2 所列。

表 6-2 京津冀基本状况表（基本为 2012 年数据）

内　容	京	津	冀	总和或平均
面积/万平方公里	1.64	1.1	19.0	21.7
人口/万人	2 115	1 413	7 287	10 815
人口密度/（人·平方公里$^{-1}$）	1 259	1 183	386	—
城镇化率/%	86.2	81.6	46.8	—

续表 6 - 2

内　容		京	津	冀	总和 或平均
超大城市 （市总人口＞500万人）		北京	天津	—	—
特大城市 （市总人口＞200万人）		—	—	唐山，石家庄	—
大城市 （市总人口＞100万人）		—	—	邯郸，保定， 张家口， 秦皇岛	—
中等城市 （市总人口＞50万人）		—	—	邢台，承德， 沧州	—
人均GDP/美元 （2012年）		14 027.13	15 129.04	5 838.95	9 257.1 （平均）
GDP/亿人民币（2013年）		19 500.6	14 370.16	28 301.4	62 172.16
产业比 重/%	第一产业	0.83	1.31	12.37	—
	第二产业	22.32	50.64	52.16	—
	第三产业	76.85	48.05	35.47	—
城镇居民可支配收入/元		40 321	32 658	22 580	—
大学（其中211大学） /所		91（26）	55（4）	112（1）	—
三甲医院/所		51	31	43	—
人均水资源量 /（立方米·人$^{-1}$）		124	233	323	272.4 （平均）

内　容	京	津	冀	总和或平均
地表径流深/毫米	136	300	147	135.8（平均）
水资源总量（常年值）/亿立方米	26.2	32.9	235.5	294.6
万元 GDP 用水/吨	20	18	73	—
万元工业增加值用水/（吨·万元$^{-1}$）	15	8	20	—
农业灌溉有效系数	0.697	0.668	0.654	—
降水量（常年值）/毫米	552	593	493	
南水北调东线收水量（三期）/亿立方米	—	10	10	—
南水北调中线收水量/亿立方米	12	10	35	—

4. 如何以协同论指导京津冀协同发展

习近平总书记最近明确指出了"以水定城，以水定地，以水定人，以水定产"的城市发展的总方针。海河流域不但覆盖了天津和北京两个超大城市，而且包括了河北的中等以上的城市，所以上述方针也是京津冀协同发展的总方针。以协同论为指导，应该明确以下认识：

（1）从京津冀的大系统考虑，最"令人揪心的"因素是水资源

从 2012 年看，北京总水资源量为 26.2 亿立方米/年，天津总水资源量为 32.9 亿立方米/年，河北总水资源量为 235.5 亿立方米/年；而使用量则分别为 35.9 亿立方米/年、23.1 亿立方米/年和 195 亿立方米/年，使用率分别为 137%、70.2% 和 82.8%，都远远超出 40% 的合理利用率，没有留下"生态水"，而且严重超采地下水，在喝"子孙水"，使地域生态系统岌岌可危。

但是水资源是可以在流域内调配的，如果京津冀水资源统一调配，则人均水资源量可达 272.4 立方米/人，接近 300 立方米/人的维系可持续发展的最低标准。

如果加上南水北调，东线到天津 10 亿立方米/年，到河北 10 亿立方米/年；中线到北京 10 亿立方米/年，到天津 10 亿立方米/年，到河北 35 亿立方米/年，则京津冀水资源总量可达 396.6 亿立方米/年，人均水资源量可达到 367 立方米/年，超过了维系可持续发展的下限，这也正是当年作者制定《21 世纪初期首都水资源可持续利用规划（2001—2005）》对水资源平衡计算得出的结果。如果再加上海水淡化，则有可能超过 500 立方米/人的极度缺水线，从而能够修复京津冀的生态系统。

从协同论来看，确立这些序参量来分析京津冀的水资源系统，可以改变水资源不合理开发、造成系统无序和严重不平衡的现状，在流域范围内优化配置，使水资源可持续利用。

（2）协同发展是京津冀水问题解决的指导思想

因此，必须按照中央领导明确指示的、以系统论和协同论为指

导，"自觉打破自家'一亩三分地'的思维定式，抱成团朝着顶层设计的目标一起做"，也就是京津冀必须一起对水资源进行大系统分析，统一优化配置。这就是说，要对各子系统的序参量科学调节、控制，从无序走向有序，达到系统的动平衡，通过加强协同作用来提高水的利用效率，从而达到维系水资源的供需平衡、水环境宜居、水生态系统良好，使地区可持续发展。

（3）解决京津冀水问题的措施

京津冀三地对解决水问题的诉求是有差异的。

1）各方的不同诉求

京津冀三地有不同的诉求。在京津冀三地都缺水的情况下，北京要建设国际大都市，但是严重缺水，希望得到更多的水份额；天津要发展工业，提高居民收入；河北以重化工业为主要税收来源，希望改变产业结构、投资与技术引进。三方的诉求虽有差异，但完全可以在根治海河这个共同目标下协同合作。

2）各方的比较优势

京津冀三地也各有比较优势，北京有经实践证明、较先进的治水思想和规划制定的科技力量，有较强的支持先进水技术开发的基础研究，有较强的财力；天津的万元 GDP 用水仅 18 吨，是全国最低的，有先进的节水技术，有专门的海洋研究所，有较先进的海水淡化技术，也有较强的财力；河北的承德（潮河源）、保定（白洋淀）和石家庄（黄壁庄水库）等市有京津冀地区相对丰富的水资源，同时是东线和中线南水北调的主要途径区，决定了调水的水质。

3) 利用各方的比较优势协调不同诉求，使地区水资源配置达到有序的动平衡

根据协同论的原理，要利用北京规划的优势与津冀协同制定京津冀海河流域的大系统水规划，北京投入进行水源保护、节水、污水治理、再生水回用、地下水回补、自来水制水、水实时监测等技术的基础研究，为津冀技术开发提供基础。天津投入进行上述基础研究，根据京津冀实际需要的技术开发，着力开发海水淡化技术，降低成本。河北则转变经济发展方式，以循环水产业替代技术落后、污染排放高、附加值低的钢铁和水泥企业，通过节水和水源地保护有偿向京津出让调水份额，通过保证调水水质收取合理的水源保护费。

(4) 京津冀共同修复海河水生态系统的建议与展望

《首都水资源规划》实施已 13 年，是京冀晋区域协作历史上的第一个国家级大项目，取得了很大的成绩和宝贵经验，目前以北京地区为主仍在延续。为了达到京津冀晋内蒙古海河全流域的全面协作和共同发展，在共同修复海河水生态系统方面提出如下建议：

① 为适应新的形势，京津冀联合向国家建议尽快制定《首都水资源规划》的第二期规划。这也是 2001 年国务院讨论通过《首都水资源规划》时，朱镕基总理、温家宝副总理和国务院全体领导的指示。按比例合理投入（可参照上述规划），国家重点支持河北，三地协同修复全海河流域水生态系统，恢复历史水乡。

② 按循环经济的原理在京津冀建立旅游环线，利用北京旅游资源（尤其是国际和港澳台）的优势带动海河上游，尤其是承德改变产业结构（可开展"清史游"）。

③ 在海河上游的冀晋建立真正的、符合国际标准的绿色食品与

水源基地（包括菜、粮、奶、肉），与京津签订长期合同，京津保证以相对优惠价格和绿色技术来支持，冀晋根据丰枯年保证优质定量向下游供水。

京冀按水功能区划共同保证下游津冀河道的水量与水质达标，共同修复津冀海河入海口的水生态系统。

以大系统分析建立专项科学研究，全面比较南水北调（东、中线）和海水淡化的可能性、持续性、经济性，以及工程和沿途保护的可能性，确保重大措施优化。

应修复当年林高草密泉涌（热河）的承德围场、风吹草低见牛羊的张北草原和百湖千汊的白洋淀，以及九河汇海的天津和湿地成片的北京水乡，将海河修复为健康河流，以水资源永续利用保障可持续发展。

下 篇
如何把用水变为"水利"

如何实现水资源优化配置

如何实现水资源优化配置呢？作者经 30 年研究、百国考察和 20 省实践，创立了水资源系统总量控制工程管理动平衡态模型。

为什么水资源系统供需动态平衡方程是 "统筹水资源"的诠释？
——要善于运用系统思维

水资源系统是非平衡态复杂巨系统，目前无法通过建立具体的数学模型通过计算机运算来求解，但是可以通过数学方式把"统筹水资源"的系统论思想更准确地表达出来，这就是在流域尺度内的水资源总量控制管理动平衡方程。

1. 水资源系统总量控制工程管理的动平衡态模型

如何运用系统思维呢？就是要建立水资源系统的总量控制，而总量控制是通过一个动平衡态模型来实现的。

作者自 1984 年起进行了 30 年的实地调查和理论研究，创立和完善了水资源总量控制管理动平衡态模型。

该模型的主旨是在流域（大水文系统）尺度内对水资源实行总量控制，达到供需动平衡和空间动均衡状态，进行系统治理，从而以水资源的可持续利用保障可持续发展。根据水资源循环的规律，总量控制以年为时间单位有如下模型：

$$水资源总需求 WD = 水资源总供给 WS$$

即水资源总需求系统与水资源总供给系统的平衡。其中水资源总需求系统 WD 包括生活用水 Dl、生产用水 Dp 和生态用水 De 的子系统，为了表述简单明了，用最简单的数学公式表示如下：

$$WD = Dl + Dp + De$$

水资源总供给 WS 包括地表水 Wg、地下水 Wu 和再生水 Wr 的子系统，即

$$WS = Wg + Wu + Wr$$

水资源供需动平衡状态要求达到

$$Dl + Dp + De = Wg + Wu + Wr$$

如图 3-1 所示。

通过工程建设与运行的管理，在流域范围内维系生活用水、生产用水和生态用水的"三生"需求与地表水、地下水和再生水的"三源"供应之间的动态平衡。这一模型转变了传统的工程思维方式，以"以供定需"为前提，通过工程双向调节达到供需平衡，只有这样才能进行科学全面的分析，达到人与自然和谐，才能保证经济发展及饮用水与国家安全。这一平衡不是静止的平衡，而是动态的平衡；不是算术的平衡，而是函数的平衡，是非线性平衡；不仅是数量的平衡，也包含质量的动平衡；只有这样，才能达到科学的总量控制。

依据水文学和生态学，水资源的分布及其所支撑的生态系统是以流域为单元的，因此人与自然和谐的水资源利用系统也应与流域

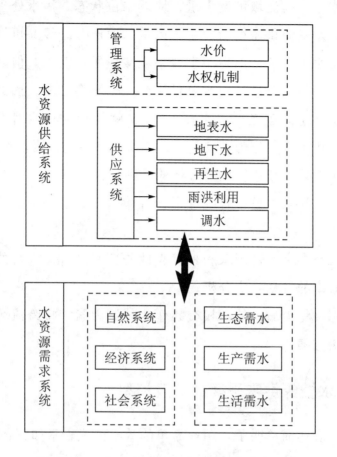

图 3-1 水资源供需动平衡态示意图

相吻合，换句话说，就是以流域为模型系统分析的边界。这一模型不仅是水资源供需平衡的保障，也是水环境治理与水生态修复的保证，还是资源短缺型水环境问题解决的直接手段。因为不管是水环境治理还是水生态修复，都是以水量为基础，因此这一模型也是可持续发展的具体化和理论深化。

从水资源供求的基本关系而论，用水人口、人均用水量、单位农业增加值的用水量、单位工业增加值的用水量、年降雨量、流域内可调水量、跨流域可调水量、地下水位状态、污水处理水平等因素是决定水资源供需均衡的主要因素。而产业升级又可以降低工农业的用水水平，从而提高用水效率或减少用水需求。但是在一个静态分析中，供水总量与用水总量构成一个平衡方程。因此，建模与分析的指导思想就是"以水控人"，也就是给定其他因素作为系统参数，将用水人口作为自变量，进而决定水资源供需均衡状态。

基于上述模型进行均衡分析的原则是：

第一，年降雨量符合统计平均规律，并为下一步的长周期分析奠定基础；

第二，参考发达国家和具代表性的新兴经济体进行的单位增加值用水效率的变动效应分析；

第三，将流域内的水权交易作为控制因素，将跨流域调水作为辅助解决方案。

2. 水资源供需平衡的一般模型

为了表述简单明了，用最简单的数学公式表示如下：

（1）供　给

供给包括：

① 地表水

$$Wg = W_1 \times C = (a_1 \times Y + b_1) \times C$$

② 地下水

$$Wu = W_2 = a_2 \times Y + b_2$$

③ 再生水

$$Wr = Q \times p \times q$$

所以，总供给为

$$WS = Wg + Wu + Wr = (a_1 \times Y + b_1) \times C + a_2 \times Y + b_2 + Q \times p \times q$$

其中：

Y——年降雨量；

C——地表水的利用率；

Q——年污水排放量；

p——污水处理率；

q——再生水的利用率。

（2）需　求

需求包括：

① 生活用水

$$Dl = AD \times X$$

② 生产用水

$$Dp = G_1 \times AG_1 + G_2 \times AG_2$$

③生态用水

$$De$$

所以，总需求为

$$WD = Dl + Dp + De = AD \times X + G_1 \times AG_1 + G_2 \times AG_2 + De$$

其中：

AD——年人均生活用水；

X——常住人口总数；

G_1——第一产业产值；

AG_1——万元第一产业产值用水量；

G_2——第二产业产值；

AG_2——万元第二产业产值用水量；

De——生态用水。

综上所述，总供给 WS＝总需求 WD，也就是

$$(a_1 \times Y + b_1) \times C + a_2 \times Y + b_2 + Q \times p \times q =$$
$$AD \times X + G_1 \times AG_1 + G_2 \times AG_2 + De$$

这就是所建立的水资源系统供需平衡的一般模型，这里并未考虑调水的情况。通过工程建设与运行的管理，可在流域范围内双向调节，维系生活用水、生产用水和生态用水的"三生"需求与地表水、地下水和再生水的"三源"供应之间的动态平衡。

水资源管理"三条红线"是如何确立的？
——切实提高我国水安全水平

2011 年 7 月 8—9 日，在党中央召开的全国水利工作会议上提出了水资源管理的"三条红线"，胡锦涛总书记在会上要求尽快确立"三条红线"，红线有如交通红灯是交通安全的保障一样，是水安全的保障。作者在中国循环经济研究中心主持了这项研究，提出了数量标准，并在年底上报中央，具体标准如下：

1. 水资源开发利用控制红线

水资源开发利用控制红线确立的基本指导思想是，实现"可持

续发展"要求"以人为本",并且"充分考虑水资源的承载能力"。

进入 21 世纪以来，世界人均水资源使用量约为 550 立方米/人。我国现在人均水资源使用量为 440 立方米/人，水利部提出到 2020 年水资源使用总量控制在 6 700 亿立方米，即约 465 立方米/人，比目前世界平均水平低 15%。鉴于我国届时已成为中度缺水国家，低于世界平均水平是必要的；如果略高于 15% 的统计规律，则也属正常波动范围，应不影响可持续发展。

同时，需看我国水资源总量有否可能支撑这一需求。我国 60 年的平均水资源量为 27 700 亿立方米，据联合国教科文组织对多国统计平均的研究，取用水量在总水资源量的 25% 以下才不会对生态系统有较大影响。我国预计 2020 年的取用水量相当于总量的 24.2%，已经达到可取用的极限。

所以水利部提出的 2020 年水资源开发利用控制红线是科学的。

2. 用水效率控制红线

确定用水效率控制红线的指导思想是转变经济发展方式，从资源利用方面实现科学发展。我国经济要发展，而且处于依赖自然资源的快速发展阶段，所以必须要对用水效率进行控制。

2010 年我国每立方米水的产出是 10.0 美元，而 2007 年的世界平均水平是 17.2 美元，也就是说，我国的用水效率仅及世界平均水平的 58%，如果 2020 年能把我国的用水效率提高到世界平均水平，那么我国就完全能以 6 700 亿立方米的用水使 GDP 再翻一番，此后用水将进入不与 GDP 线性相关的阶段。

这就要求我国自 2011 年起到 2020 年每年把单位 GDP 水耗降低 7%。这也正是"十二五"规划纲要的要求。

3. 水功能区限制纳污红线

水功能区限制纳污红线确立的基本指导思想是"人与自然和谐"，"充分考虑水环境的承载能力"。

作者在任内全力进行了水功能区划定的工作，到 2011 年才全部完成。水功能区限制纳污的依据是水域纳污总量的概念：如 2009 年我国废污水排放总量为 768 亿吨，为我国水资源总量的 2.9%，水域自降解污净比为 1/34.7，一般水域地表水的自降解能力约为 1/40，即每年多排放废污水 220 亿吨。

因此为了达到我国水域纳污的限制，以 2009 年为基准应减少 220 亿吨/年的废污水排放，或者对 440 亿吨废污水进行一级处理（处理后降解污净比可达 1/20）后达标排放，即全国废污水一级以上的总处理率应达到 60% 以上。

"水资源开发利用总量控制"的概念是作者具体主管全国水资源时提出的，当时没有用"三条红线"这个词，主要是考虑对我国水资源短缺的程度还未达成共识，不管是研究界还是政府部门，接受这样的新词都要有一个过程。

"三条红线"的提出科学地反映了我国水资源的匮乏程度，向全国敲起了用水的警钟。其中两条半是在作者任上提到这个高度的，另半条也是在作者任上开始实施的。

关于第一条红线，即水资源开发利用控制红线，不但是在作者任上提出，而且在电视台、广播电台，以及《人民日报》等大报和包括《瞭望》在内等杂志上一再发表讲话、文章和访谈，反复宣传这一数量概念，使公众对水资源利用的认识从笼统的缺水，到具体的程度与数量，从而对节水起到了推动作用，也为水资源优化配置政策的制定提供了科学基础。

关于第二条红线，即用水效率控制红线，虽然用水效率已提出来很久，其也有一些相关数量概念，如农业灌溉用水有效利用系数和工业用水重复利用率等，但是都没有与国民经济发展的整体联系起来。因此当时仅仅成为行业指标，对全国性节水的约束力不太大。

针对这种情况，作者在各种会议（包括水利部部务会）上，并通过上述媒体提出了万元 GDP 用水这个国际上刚开始采用的指标，提出后引起了一定争论，一种意见是："中国人口众多，粮食需求量大，用水多，但附加值小，从而提高了万元 GDP 用水，因此不宜进行国际比较。"这种考虑有一定道理，作者做了回答："中国农业用水占到 70%（现已降到 60%），但这也是世界用水的平均水平。我们的国际比较不是与种粮很少、风调雨顺的英国比，也不是与节水灌溉做得好的以色列和日本等发达国家比，而是与世界平均水平比，如果大不如世界平均水平，就说明我们的农业搞的不是现代化农业。"这一诠释使大家基本达成了共识，认同了这一理念。随着经济发展，这一理念也大大推进了喷灌与滴灌等先进技术的使用，使得我们的农业用水占总用水比例，在 10 年之内降低了近 10%。

关于第三条红线，即水功能区限制纳污红线，这条红线的理念是在作者就任以前就提出的，但是具体工作是在作者任内开始的。2001 年作者主持了《全国水功能区划分》的工作，经过历任 10 年的努力，至 2011 年完成。这一工作的理论十分简单，但需要对所有江河湖库进行科学划分，工作极为繁重。

划分水功能区的指导思想是：污染治理既无必要也不可能把全国的污水都处理到 IV 类以上，而要把全国水域按功能划分成区，根据不同的需要和实际的可能把区内的水治理到规定的合理类别，使水环境治理走出"久治不愈"的理论误区。因而提出了污水治理要分类、分区、分级、分批治理的政策方针，也提出了应按此方针提倡适宜技术，而不是脱离实际情况，一味追求高技术的误导技术的路线。

水与其他主要资源的关系如何？
——要善于运用资源系统思维，生态修复才能不顾此失彼

1996 年作者在全国人大常委环境与资源委员会主持撰写《中国资源报告》，首次把自然资源分为十大类：水、土地、森林、草原、海洋、气候、矿产、能源、物种和旅游（其中包括人文资源），并分析了它们之间的关系。水资源的优化配置不仅要考虑水资源本身（因为它是基础性资源），还必须考虑水与其他主要资源之间的关系，从而来合理配置水资源。自然资源的分类如表 3-1 所列。

表 3-1　自然资源的分类

资源种类	不可再生	可再生
水资源	部分不可再生	部分可再生
土地资源	整体的不可再生性	局部可再生，如围海、围湖造地
森林资源	森林→草原→荒漠蜕变，在相当长时间内的不可再生性	林木可再生，主要依赖于水资源

资源种类	不可再生	可再生
草原资源	草原→荒漠蜕变，在相当长时间内的不可再生性	可再生，主要依赖于水资源
海洋资源	海洋矿产资源，海洋物种等资源	其余部分
气候资源	生态、环境变化引起的气候变化的不可逆性	可再生，依赖大气环流
矿产资源	不可再生	新材料科学高技术，可能替代材料
能源	煤、石油、天然气、核能	水能、太阳能、风能、潮汐能、地热能和生物能等
物种资源	不可再生	随着现代生物技术的发展，克隆灭绝物种的可能性大大增加
旅游资源	自然与人文景观破坏的不可等价恢复性	综合高技术可修复

1. 水资源本身

从水资源本身来看，水资源短缺问题要从流域来分析。从"以水定城"来看，世界上绝大部分城市都是缺水的。由于城市人口集中，经济发达，用水量大，排污量大，因此城市本身就是缺水的。所以，从流域来解决城市水问题，包括在上游修水库等做法，在理论上是科学的；但是修水库必须考虑到全流域，要在流域大系统中进行分析。流域中不仅有城市居民，还有乡镇和农村居民，而且这些乡镇还可能发展成小城市、中等城市以至大城市。在我国的珠江三角洲和长江三角洲，这种现象已经很普遍，珠江三角洲的深圳已经发展成为大城市，小小的东莞县城已经发展成为中等城市，长江三角洲的江苏苏州的盛泽镇已经是一个小城市的规划。

2. 土地资源与水

地表水、土壤水和部分地下水都附着在土上，水土是不可分的，土地资源的良好状况是水资源存在的保证。

我们常说的"水土流失"就很能说明问题。水的流失造成了土壤流失，土壤流失又造成了更大的水流失，形成恶性循环；相反，水的保持就保住了土，保住的土进而含蓄保持了水分，形成了良性循环，这就是"水土保持"。

水在土中有个水位，叫做地下水位，或地下水埋深，俗话说就是打到多深就能出水。地下水埋深是当地水资源状况的标志，只有保住了地下水位，才能保住地表水。地下水位下降，会造成湿地干涸、湖泊萎缩、河流断流，以至荒漠化。同时，土壤污染也主要是水污染造成的。

3. 森林资源与水

水利部与林业部曾有争论，一棵树到底是一个小水库，还是一台抽水机。这一争论说明人们对森林资源和水资源关系的认识还不是很清楚。森林资源的形成，水资源是先决条件，水是生命之源，没有水就没有绿，更没有森林，森林要在年降雨量足够，一般是500毫米以上的地区才能形成。反过来，已经形成的森林通过根系和枯枝落叶层对水资源有巨大的含蓄作用。同时较大面积的森林又能形成小气候环境，使得这一地区易于降雨。

因此，在降雨量不够的土地上造林是违反科学的做法，因为降雨不足以使树木成活，树木就深扎根吸收地下水，从而造成地下水位降低。地下水位降低到一定程度，为了树木成活，在远离河湖的地区，人们就不得不抽地下水浇树，而越抽地下水就越会使地下水位进一步降低，因此就要抽更多的地下水，从而形成了恶性循环，最终使得植林死亡，或者形成了稀稀疏疏的"小老树"群——永远长不大的树，这种现象在我国西北并不鲜见，从而加剧了这一地区缺水。

同时，植树在幼苗期主要是吸收水分，水土保持作用极小，因此种树就要保活，死了再种会浪费大量的水资源。造林还要考虑树种，要种当地适宜的树种，最好是与自然和谐的原生树种；还要造混交林，不少单一树种林的树根都是一顺的，暴雨后成沟，反而造成水土流失。

4. 草原资源与水

一般草原的表土很浅，草扎根也很浅，因此草原的生成与维系主要靠天然降水，地下水只起补充作用，一般是年降雨量在300毫米以上才能形成草原。与森林一样，草原在形成以后，有水土保持的作用。但是由于开垦成农田、造林或过度放牧造成了草原的退化或消亡，使薄薄的表土被风吹走，这样不仅会形成沙尘暴，还会使草原荒漠化。失去表土以后，水分不能涵养，即便依然降雨，草原也无法恢复，最后只能变成杂草丛生的半荒漠。

前面已经提到，20 世纪 60 年代末至 70 年代初，作者在新疆做过拖拉机手，对此深有体会。对荒漠、草原地带的"开荒"，实际上是破坏荒漠与绿洲之间过渡保护带的错误做法。把草原犁掉，靠融化的雪水种粮食，当年虽然有些收成，但第二年当融化的雪水较少而无法灌溉时，耕作过的土地由于作物吸收使地下水位降低，如果第二年降雨又偏少，就会连草也不长，大风吹走表土层，草原很快就会荒漠化。

5. 海洋资源与水

水资源虽然指的是淡水资源，但是，如前所述，淡水资源与海洋中的咸水资源通过蒸发—大气环流—降水形成了自然循环。因此，海水与淡水是互为因果、互相补充的。

目前，由于陆地淡水缺乏，人们开始从事海水淡化以补充陆地淡水的不足，像沙特阿拉伯和阿拉伯联合酋长国这些淡水极端缺乏的国家，海水淡化已成为其水资源的主要来源。

同时，也应该考虑海水不淡化而替代淡水资源的办法。如把热力发电厂建在海边，这样冷却水就可以直接利用海水，但是目前还存在海生藻类缠绕机器部件的问题。再如发展海水养殖，包括动物与植物，将其制成食品，来替代生产这些食品所用的淡水，不过目前的主要问题是造成海滩污染。

6. 气候资源与水

大气中的水含量——湿度是宜居大气环境的最重要指标之一，与人的健康密切相关。水面（包括河湖和沼泽）可以吸附大气中的尘埃，包括 PM2.5，使空气清新，以致减少雾霾；俗语说"有水就生风"，水面可以促进空气流动，也起到使空气清新、减少雾霾的作用；水面还可以调节大气的温度，尤其是降低城市的"热岛效应"。

气候资源直接与水资源有关，可更替的水资源来自降雨，而降雨又来自水蒸发，从而构成了最主要的气候循环。大气中含有大量水蒸气，由于温度和气流的变化而形成雨，是目前淡水的主要来源。降雨形成的淡水资源是可再生资源，但是问题在于降雨的地域、年际和年内分布都不均匀，在许多情况下与人类社会经济发展不相匹配，这样就有一个人类的发展是以"改造自然"为主，还是以适应自然为主的问题。

同时，高山积雪也是淡水资源，雪水融化的多少与气温有关。近年来温室效应导致的气温升高造成积雪和冰盖过度融化，这也与水资源密切相关，会加剧水资源年度变化的不确定性。

7. 矿产资源与水

地质部门曾与水利部门有一个争论，即"地下水是矿，还是水?"人们听起来可能有点不相信，但这的确是部门之争。在作者具体主管全国水资源期间，提出"水是地下水的本质，但地下水的确有矿的属性，地下水与地表水同是一个水系统，归谁管不重要，重要的是统一管理。同时，过去地矿部门对地下水有比水利部门强大的研究队伍，这是事实，不仅应该承认，而且应该学习、共享。至于水环境理论与相关专家忽略了对地下水的研究，是今后应该大力加强的工作。"大家对这一说法基本上取得了共识。

矿（包括液态的石油和气态的天然气）往往与水共生，煤和铜等矿井中都经常发生冒水的问题，危及矿工生命。矿的生产大量耗水，如我国近年来采煤用水占到工业用水的 20% 以上，所以矿山节水已成为最重要的节水方面之一。"洗矿"是矿山生产的重要工序，但洗矿又带来严重的水污染，尤其是带来对人体十分有害的重金属污染，因此是必须防治的。21 世纪以来，美国开发了一种新能源——页岩气，目前页岩气的生产主要是水压法，要用大量的水。我国页岩气储量丰富，而清洁能源又短缺，因此页岩气的开采已受到高度重视。但是我国缺水，页岩气又多储在西北等缺水地区，所以如何配置水资源，节约水资源，以至进行技术创新，以采用新技术来少用水资源是当前页岩气开发的重要课题。

8. 能源资源与水

水资源本身就含水能，因此也是能源，如水力发电站就是把水能变成了能源，同时水是清洁的可再生能源，是人与自然和谐的能源。

与此同时，能源还可以增加淡水资源。如海水淡化就是利用电能把海水资源变成了淡水资源，目前的问题是成本太高；但如果到 2040 年受控热核聚变能达到商用，那么极其廉价的热核聚变能源就可以使海水大规模淡化成为可能，从而大量补充淡水资源。

同样污染处理也需要能源，处理后的中水回用又使水资源得到循环利用，增加了可用的水资源。

9. 物种资源与水

水与物种是"母与子"的关系，万物起源于水，靠水维系生命。水资源的短缺与水形态的改变都会危及物种的存在。

在荒漠、沙漠地带，由于地下水位降低，不但胡杨、梭梭和红柳等沙生植物死亡，有的物种甚至面临灭绝的危险，多种沙生动物也面临这种危险。

众所周知，修水库改变了水形态，使得许多水生动植物面临灭绝的境地，这是国际上反对建大坝修水库的重要原因之一。所以，对于必须建的水库，要建成生态水库，修出通道来保护上游物种；而且，全年下放不少于60％的河流径流量，以保护下游物种。

10. 旅游资源与水

俗话说"游山玩水"，自然的旅游资源从来就与水有联系，人文的旅游资源也多傍水。因此，水量和水质直接影响了旅游资源的质量，如2000年河北承德避暑山庄内的湖泊干涸，就使当年的游客大减，而旅游景观用水的水质应达到Ⅳ类，才能使游客感受到水美。

所以，旅游收入应当有一部分用来保护水资源，这样才能使旅游成为一种可持续发展的产业。

作者曾主管全国水资源6年半，并曾任全国自然保护区评审委员会委员，所以，对"游山玩水"深有体会，任何一个景点缺了水都是一大缺憾，也都难以吸引游客，这在作者101国的水考察中更得到了证实。

为什么说《21 世纪初期首都水资源可持续利用规划（2001—2005）》是"我所见到的最好的水资源规划"？
——认真对待城镇化过程中水资源的问题

由于人口剧增、经济迅速发展，北京缺水的问题由来已久，北京曾几次出现水危机。为什么北京的水问题多年来一直得不到解决？主要是当时没有足够的经济实力，同时也没有从海河流域与北京共同可持续发展的大系统角度来分析和解决问题。

鉴于北京水资源问题的严峻性，1999 年初水利部水资源司即与北京市水利局商议解决对策。与此同时，温家宝副总理先后两次批示尽快解决北京的水资源问题。水利部与北京市、海委首先进行调查研究，时任水利部水资源司司长的作者提出了"以水资源的可持续利用保障可持续发展"的指导思想，2001 年温家宝副总理在全国城市供水节水和水污染防治会议上说："'以水资源的可持续利用保障可持续发展'这句话讲得好。"现在"以水资源的可持续利用保障支持可持续发展"已成为我国水利工作的总方针，并不断加以完善和丰富，同时确定了上游地区的规划原则是："保住密云，拯救官厅，量质并重，节水治污，保障北京及上游地区共同可持续发展。"据此，历时一年完成了规划编制，并经过与省市反复协调和著名专家论证，数易其稿。

1999 年作者主持制定的《21 世纪初期首都水资源可持续利用规划（2001—2005）》（简称《首都水资源规划》）是第一个未建水库的大型水工程规划，投入 220 亿元。该规划按照以供定需的原则和以人为本、全面、协调、可持续发展的思路，在多学科综合研究的基础上，以系统论为指导，建设生态工程。

现在到处谈系统工程，《首都水资源规划》是一组真正的生态系统修复工程，以工程、生态、经济和管理的手段达到用生态系统工程修复生态的目标，并建立长效机制。规划的创新点主要在"一节（节水）、二保（保护水资源）、三管（统一管理）、四调（调整产业结构和种植结构）、五治（达标排放、建污水处理厂）、六水价（建立合理的水价机制）、七再生（再生水回用）、八调水（跨流域调水）、九循环水产业链（建立北京循环水产业工程）"。该规划经国务院国函【2001】53 号文（与《黑河流域近期治理规划》国函【2001】74 号文、《塔里木河流域近期综合治理规划》国函【2001】86 号文）批准与《黄河重新分水方案》一起被时任国务院总理朱镕基批示为"这是一曲绿色的颂歌，值得大书而特书。建议将黑河、黄河、塔里木河调水成功，分别写成报告文学在报上发表。"时任国务院副总理温家宝批示为"黑河分水的成功，黄河在大旱之年实现全年不断流，博斯腾湖两次向塔里木河输水，这些都为河流水量的统一调度和科学管理提供了宝贵经验。"2001 年国务院成立由国家计委、财政部、水利部、国家环保总局、北京市、河北省和山西省参加的"21 世纪首都水资源可持续利用规划"协调小组，作者任常务副组长，指导实施。这一规划成为至今北京水利工作的指导，经过多任水利局长的努力，才成功地申奥和办奥，保持了北京水资源脆弱的供需平衡，使北京即使在夜间也未出现分区停水的情况，而水资源状况好于北京的孟买，则早已在夜间分区停水。

1. 节（节水）

"一节"就是以建设资源节约型社会的思想指导节约用水，节水也即降低污染排放量。《首都水资源规划》提出在北京和其上游的河北、山西布局滴灌等工农业和生活节水工程，水环境工作者必须有"节水就是防污"的优先理念，不能只强调修建污水处理厂和提高污水处理级别，否则无度地兴建污水处理厂耗费了大量的土地、财力、能源和人力，增加了 CO_2 排放。这种做法即便在丰水地区也不可行。

根据作者引入的循环经济理念，生态工程 3R 原则的减量化（Reduce）必须把节水放在首位。所以《首都水资源规划》包括了大量节水工程，以提高水资源利用效率，保证水资源的供需平衡。

至 2005 年，在密云和官厅上游的河北承德、张家口及山西的大同、朔州分别建立了节水灌溉工程，发展节水灌溉面积分别为 30 万亩和 98 万亩，年可节水分别为 0.85 亿立方米和 1.84 亿立方米。

1998 年，官厅水库上游地区工业用水的重复利用率为 52%，密云水库上游仅为 21%。到 2005 年，官厅水库上游地区工业用水重复利用率达到 65%，年节水 2.29 亿立方米；密云水库上游地区工业用水重复利用率达到 45%，年节水 0.08 亿立方米。

2. 保（保护水资源）

"二保"就是以人与自然和谐的思想保护水土资源，进行生态修复，用河、湖、湿地水环境治理新技术来改善水质。

按照作者提出并得到国际认同的新循环经济学再修复（Repair）

的原则修复当地生态系统。当地农民每年每户要搂10～20亩地的柴草来做饭取暖，若以15亩计，每年10万农户就彻底破坏了1 000平方公里的植被。《首都水资源规划》提出以户为单位建设沼气池来替代柴草的生态工程，大大提高了生态系统中能量循环的效率，保护了自然植被，同时还改善了群众生活。规划规定：建设沼气池的资金由农户出1/3、以工代价1/3、规划投1/3，这样使沼气池得以普及。

同时，实施造林工程，禁止小铁矿等乱采滥挖破坏植被的行为。上游开采的小铁矿的品位不过20％～30％，但大面积开采严重破坏植被；而且以河水洗矿，枯水期入密云水库的水已成红色。实施造林工程后，农民可以上山种树，收入与采矿差不多，通过产业的改变和人的转移，以经济手段来制止破坏生态系统的行为。此外，还包括一系列的污水处理厂建设工程。这些互相配合的系统工程就构成了生态水利工程。

3. 管（统一管理）

"三管"就是以人为本，加强流域与区域相结合的水资源统一管理。依据水文学和生态学，水资源的分布及其所支撑的生态系统是以流域为单元的，因此人与自然和谐的水资源利用系统应与流域相吻合，要从流域的大系统修复水系，加强流域与区域相结合的水资源统一管理。自2001年起，作者的提倡得到了中央领导的支持，北京是全国第二个建立水务局的大城市。至今水务统一管理体制已在包括京津冀晋蒙的30个省市区推广。

根据经济学原理，任何稀缺资源都应由政府统一管理，《首都水资源规划》有助于加强水资源统一管理，建立规划协调机构。自 2004 年北京成立水务局以来，结束了九龙治水的状况，保证了系统地监督生态工程规划按修复生态系统的目标实施。

4. 调（调整产业结构和种植结构）

"四调"就是使经济结构与生态经济承载力相适应，调整经济结构、产业结构和种植结构。《首都水资源规划》提出并监督实施稻地改种板蓝根和湿地修复项目；为了解决以北京饮用水不安全为突出的环境问题，作者率队实地调查，选定张家口制药厂等共 34 个污水处理工程，强化减排与治理，取缔污染水源的小铁矿，将劳动力转移至造林工程，变污为保，总投入 6.1 亿元；力主上游不建新水库，因为北京不缺蓄水能力而缺水源，若建水库反而促进上游多用水，最后团队统一认识，把大坝方案改成了在承德北部已荒漠化地区实施造林和沼气等涵养水源工程；为了优化水资源配置，提出首钢高耗水部分搬出后按节水型重建，并指导迁曹妃甸的水生态承载力论证。

发展旅游业改变产业结构，同时改变当地的种植结构。原来当地最耗水时以 1 800 立方米水养 1 亩稻田，按北京水价合 3 600 元。规划提出"板蓝根工程"，通过引入和扶植让当地改种板蓝根和冬枣，不但大量节水，农民还提高了收入，也大大减少了妇女早春插秧所造成的妇女病，在当地很受欢迎。此外，规划还包括建设绿色食品生产基地工程，创出品牌，提供有绿色标志的蔬菜供应北京市场，目前绿色蔬菜可能卖到普通蔬菜 2～3 倍的价格。

5. 治（达标排放、建污水处理厂）

治理污染首先要实现尽可能减少水污染排放量，而且要做到达标排放，然后在考虑水域自净能力的基础上，根据排污量和水功能区划的要求，在适当的地点、以适当的规模建污水处理厂。鉴于治水的红线已确定，我国的用水总量不应超过 6 700 亿吨，因此，现在就应该做出至少在 2030 年前污水处理厂的总体规划，不再变更，这是水环境工作者的使命；同时应根据要求在不同的污水处理厂采用不同的适宜技术。国务院已于 2014 年 6 月 11 日宣布即将全面实施《水污染防治行动计划》，总投资超过 2 万亿元，规划制定者与实施者逐级落实责任、走出误区、科学治理，使我国的水环境能在短期内有人民看得到的、根本性的好转。

6. 水价（建立合理的水价机制）

"六水价"就是充分发挥市场作用，利用物价杠杆建立合理的水价机制，促进节水。建立合理的水价机制是北京水资源生态系统工程中的行政手段。城市水务局通过对水资源供求平衡的计算制定最优水价浮动范围，市场调节部分的水价由净水、给排水和污水处理企业在浮动范围内以"优质优价"的原则定价。

北京居民的用水水价已从规划实施前的 1.60 元/吨提高到现在的最低 5 元/吨的阶梯水价。

7. 再生（再生水回用）

通过规划建立了一系列污水处理厂和再生水回用工程设施，运行后至 2005 年使北京的污水处理率从 62.4％提高到了 90％，再生水回用率从 0 达到了 50％，利用再生水 6.2 亿吨，占北京总供水的 17.6％，第一次超过了地表水的供应，形成了新水源。

8. 调水（跨流域调水）

"八调水"就是跨流域、跨区域调水，如南水北调。20 世纪 50 年代提出南水北调，但因不同意见一直未能实施，作者主持制定《首都水资源规划》敢于质疑老师和主流看法，坚持自己的学术见解，提出北京仅从生活与生产用水看是可以通过节约而不调水达到供需平衡的，但要维系北京的水环境，经计算应有限南水北调 10 亿立方米。以此统一认识后得到了国务院的批准，并通过调研回答了中央领导的水环境影响疑问。

《首都水资源规划》通过了包括生态水在内的水资源供需平衡系统分析，准确地计算出，为在 2020 年前后恢复地下水欠账极大的北京水生态系统，有必要自 2010 年从外流域每年调入 10 亿立方米的有限水量，这样才使争议不断、搁置多年的南水北调工程旧事重提，而新的指导思想引来了一项以恢复生态系统为主的大工程。

《首都水资源规划》由国务院总理办公会通过，2001 年国函 53 号文批准，作者任规划实施协调小组常务副组长负责实施。该规划仅在上游河北就建设 34 个污水处理工程，推广沼气新技术，大减对饮用水源地密云水库环境的污染；引入微滤和反渗透系统等高技术，使得在作者离任的前一年，利用再生水达 2.6 亿立方米，以水环境工程保证了奥运的水环境并恢复了北京水系，至今城内河道已从基本无水到水系初成。兴建输水河道环境整治工程，使得在作者离任前，北京从上游多收水 1.4 亿立方米，总效益达 40 亿元。规划

的持续执行保证了北京的水供需平衡，至 2010 年总效益达
100 亿元。

9. 循环水产业链（建立北京循环水产业工程）

水资源的优化配置起决定性作用的还是市场，《首都水资源规
划》的作用只是导向，它提供了基础理论，理清了指导思想，制定
了实施规划的样板，建立了监管的组织保证。在《首都水资源规
划》的基础上和北京水务局的继续努力下，北京建立了循环水产业
体系，充分发挥了市场的作用。城市水产业可以由经营性水库、自
来水厂、供水公司、排水公司、污水处理厂构成一个封闭的产业链
和工程环来实现水循环。

水利部副部长索丽生（原河海大学副校长）说："我反复学习
了这个规划，它好就好在多学科综合研究，大系统分析，是一个真
正的系统工程。"《首都水资源规划》经受了时间的检验，不但为成
功申办和举办奥运会做出了水的保证，而且至今维系着北京水资源
脆弱的供需平衡，为 14 年来的北京发展提供了保障，是可以追责的
国家级水规划。《首都水资源规划》使大家认可了促使调水的共识，
2014 年南水北调进京。然而，《首都水资源规划》最重要的还不是
这些成果，而是它的指导思想、制定方法和管理保障，只有沿着这
条路走下去，北京才能以水资源的永续利用保障可持续发展。

在美国国务院中美环境与发展论坛上
如何回答三峡大坝问题？
——水环境专家的责任

1999 年朱镕基总理率中国政府代表团访美，与此同时第二届中美环境与发展论坛在华盛顿召开，作者被选入代表团参加第二届中美环境与发展论坛并做中美双方的首位发言，题目是《为中国的可持续发展提供水资源保障》。为此作者做了认真的准备，国务院领导还在预案材料上批示："请各部门参阅，增进对人口、土地、水资源、环境保护等方面知识的了解，加深对国情的认识，增强实施可持续发展战略的自觉性。"

早 10 时朱镕基总理和戈尔副总统到达出席开幕式，并各发表了 15 分钟的讲话。10 时 30 分科技部长朱丽兰女士和美国总统科技事务办公室主任莱恩共同主持了开幕式，美国海洋与气象局局长等多位部长级官员出席了会议。在朱丽兰部长宣布大会开幕后，由作者首先做《为中国的可持续发展提供水资源保障》的发言。在发言中针对西方有些人对中国大坝和环境问题的攻击讲科学道理。

针对事先了解的美方将在论坛上集中攻击修长江三峡大坝的问题，作者说："关于修建长江三峡大坝，作者的观点仅代表本人：第一、修建大坝有利有弊。第二、修建大坝利大于弊，在大洪水时，三峡水库吃进 370 亿立方米水，下游就少 3.7 万平方公里的灾区（以淹没 1 米深成灾为准），是 2 000 万人的生命问题，生存权是人的第一权利，这是人权问题。第三，修水库后的生态影响弊大还是利大，今天人们尚没有能力判断，目前只能从发展看是否在总体上趋利避害。"

作者进一步说："发达国家今天能比较深刻地认识环境与生态问题，正是因为你们的发展，否则连今天的科学知识也没有。所以既不能以环境破坏为代价寻求非理性的发展，也不能以环境问题来限制发展，因为不发展就不可能深刻认识这个问题，也没有经济力量和先进技术来解决这个问题。发达国家也不要以为今天你们对环境和生态问题的认识就很科学、很全面了。你们有的科学家说：'通过建数学模型计算可以预测建三峡大坝后对生态破坏很大。'我是学数学的，用多种方法计算过大系统的平衡，但应该认识到生态系统是一个非平衡态的超复杂巨系统，变量太多，至今无法建立有科学价值的数学模型，而且变化太快，今天的计算机无解。例如，对华盛顿特区这个生态系统，在座的诸位谁能说出有多大的水资源量就是一个好的水生态平衡？大概没人能说出来。如果有，我愿意留下来和大家讨论。"此时作者注意到，曾在中国傲视我国专家的美国总统科技事务办公室主任莱恩纹丝不动，而不少美国部长、官员和专家则连连点头。作者又接着说："所以，人类的经济发展如大建水库、跨流域调水等大工程当然要慎重，并且尽可能少做。但是，对生态系统的影响并不很清楚，还要随着发展进一步研究和认识，而不能随便指谪他人。当然实践已经证明，对生态系统的大扰动肯定会对其有破坏作用，如水库蓄水不能超过年径流量的 40%，跨流域调水不能超过河流流量的 20% 等，我在联合国工作时已主持制定了标准。"

作者针对污染问题说："工业革命带来了今天的物质文明，极大地提高了人类的生产能力和生活水平，但是，也带来了污染生存环境和破坏生态系统的负面影响，西方发达国家在发展的过程中经历了'先污染、后治理'的进程，取得了巨大的成绩，但同时也积累了对地球环境的破坏。中国历史上的农业经济是本着天人合一的维护生态系统的指导思想发展的，虽然保护了地球上的部分生态系统，但是生产力低下，随着人口的增加，日益贫穷。今天我们共同追求可持续发展，发达国家不要指责发展中国家污染严重，环境恶化，应该回顾自己的发展历程，帮助发展中国家治理污染，更不要只为商业利益向发展中国家转移污染企业；而发展中国家也不要过多指责发达国家污染的历史积累和今天的份额，而应认识生存环境和生态系统破坏的严重性，吸取教训，不走'先污染、后治理'的老路，尽最大努力治理污染，保护生态系统。双方协同努力，实现可持续发展，保护我们共同的地球家园。"

此后的美方发言，居然再没有一个讲出事先准备的指谪中国的大坝和环境问题的内容，会后美国海洋和气象局局长特地找到作者主动握手说："您讲得精彩。"朱丽兰部长事后说："吴季松司长的发言对后来的会议做了导向。"

目前，三峡大坝建成后高位蓄水已 11 年了。"实践是检验真理的唯一标准。"对于 11 年来产生的种种生态变化进行反思是必要的，但是要有科学根据，同样不能任意评判。作者至今尚未看到足够的科学证据说明三峡蓄水后负面的生态影响更大，但是，电站运行必须保证生态水，即在枯水期也保证至少 40％的径流及时下泄，否则是会有负面生态影响的。我们的水环境专家难道不应该进行认真的科学研究，并且有义务回答百姓、政府和国际所关注的问题吗？空泛地谈"绿色发展"对科学家来说是回避责任，应该对重大事件表态，指出什么是"绿色发展"，什么不是。

云南横断山区三江流域大坝电站能不能建?
——与保护水资源相和谐

目前在横断山地区利用金沙江、澜沧江和怒江三江地区大量修建梯级电站,利用水能,引起了环保界和国际上的颇多议论:大坝能不能建?水电站该不该修?作者早在 10 年前就做过详细调研,答案是:在不对生态系统产生大干扰的前提下,应全面提高水资源,包括其水能部分的利用效率。看来针对今天的情况仍然是适用的。

2004 年 5 月 19 日云南省省长徐荣凯在作者的《云南横断山三江流域水利用的资源系统工程分析》上做出了批示:"非常感谢吴司长写出三江并流这么高水平的文章,感谢吴司长的支持。"

云南横断山的河流不仅集中了我国前十条大河中的三条,而且河流自然形态独特,因此开发利用方式也会与其他地区有很大区别,尤其是目前对水电开发有很大争议,值得认真研究。

作者考察过世界的主要大江大河,也到过地球四大自然奇迹,即西藏高原、美国和加拿大之间的尼亚加拉大瀑布、东非大裂谷和美国的科罗拉多大峡谷。作者认为云南横断山的金沙江、澜沧江和怒江三江流域被称为第五大奇迹是当之无愧的。三江并流被列入联合国世界自然遗产名录,香格里拉的神秘传说举世瞩目就说明了三江并流在世界自然奇迹中的地位。

作者到达横断山的三江流域时深切地感到自然的震撼力,三江之水以几十米的落差飞流而下,犹如一条巨龙劈开了千山万仞,奔腾不息,峡谷连着峡谷,险滩接着险滩,真是神工鬼斧。如果说科罗拉多大峡谷也有这般气势的话，它却只有一条河；而这里是三江并流。科罗拉多河地处荒原，降雨量不到 200 毫米，河谷植被稀疏；而三江流域降雨量为 600～1 500 毫米，整个河谷郁郁葱葱，是世界独特的自然景观。虽然经多年破坏，河谷内外的原始森林已十分少见，但生态恢复的生机尚存，只要认识到位，措施得力，在 10～15 年内让世界认识这第五大自然奇迹的可能性是完全存在的。

1. 云南横断山三江流域概貌和特点

云南横断山地区自西向东主要排列着有怒江、澜沧江和金沙江三条河流。

（1）河长和年径流量都在我国名列前茅

金沙江是长江上游，发源于青藏高原，经云南境流入四川，在云南石鼓的断面年径流量为 416.0 亿立方米。

澜沧江在我国境外部分称湄公河，发源于青海唐古拉山北麓，经青海、西藏入云南，又从云南西双版纳州勐腊出境，多年平均出境流量 738.1 亿立方米。干流全长 2 153 公里，流域面积 16.4 万平方公里；其中云南部分干流长 1 170 公里，流域面积 9.2 万平方公里。

怒江在我国境外部分称萨尔温江，发源于西藏北部唐古拉山南麓安多县，从云南潞西出境入缅甸，多年平均出境径流量 709.7 亿立方米，我国境内的干流长 2 020 公里，流域面积 12.6 万平方公里；云南境内长 619 公里，流域面积 3.4 万平方公里。

（2）三江地貌特殊

三条江并流，其中两江最近距离仅 20 公里，在大约 200 公里内，三条江的最长距离不过 80 公里，顺横断山峡谷奔腾而下，落差很大，蕴藏着丰富的水能资源，但地处高山深谷，难以将水用于农业灌溉。上游地区三江并流，已于2003年被列入联合国教科文组织的世界自然遗产名录。金沙江石鼓以上段的落差达3 000米；澜沧江在我国境内的总落差为4 583米，其中云南部分的总落差为1 780米；怒江在我国境内的总落差为4 848米，其中云南部分的落差为1 131米。这些河流的支流落差几乎都在1 000米以上，有着丰富的水能资源。

（3）三江流域都是经济不发达以至贫困地区

三江流域至今在我国还属于最贫困的地区之一。

2. 发展水电是地区经济发展的必然选择

三江流域水能资源丰富，又是贫困地区，水能资源的开发利用是必要的，但是如何因地制宜地统筹人与自然和谐发展成为问题的关键。

（1）取用水量很低

云南境内澜沧江流域取用水总量为21.9亿立方米，仅占年径流量的不到4.0%；人均综合年用水量369立方米，为全国平均水平的88%。云南境内怒江流域取用水总量为8.4亿立方米，仅占年径流量的不到3.0%；流域人均综合年用水量288立方米，仅为全国平均水平的69%；金沙江流域的这两个指标都更低。

（2）提高水利用率可能性不大

维系河流流域良好生态系统的最高取用水率为40%以下，而三江流域仅为4%以下；而且三江流域人均用水量都低于全国年均水平，存在有水不用的状况。因此，通过提高用水率来发展经济是必要的。

但是，三江流域高山深谷，受土地资源和水位太低的局限，没有大规模发展农业的可能；"地无三尺平"，只有小坝子，也没有发展中大城市的可能性，取用水率难以提高。

（3）三江流域无法发展航运业，旅游业也难以大发展

三江落差大、河窄、流急、湾多、滩险，大船无法长距离通航，难以发展航运业。第二次世界大战时，在我国抗日的最紧要关头，急需盟国从缅甸运输物资，也只能沿江修滇缅公路，而无法利用水运。

三江有较好的气候和自然风光，海拔也不太高，现在又有了世界自然遗产。但是，陆路交通不便，旅游点之间又相距太远，利用水资源大规模发展旅游业在近期也是不可能的。

（4）其他产业也难以发展

三江流域也没有大宗的易于开采的矿产资源，开发矿业没有条件；三江流域又属于科技和教育较落后地区，目前更没有可能开发高技术产业。三江流域不发展不仅不符合当地人民的利益，对国家来说也不符合统筹区域发展的科学发展观和可持续发展原则。

综上所述，目前三江流域利用资源发展经济的必然选择就是水能资源，也就是以占全国 1/5 的水能资源开发水电。但是一定要遵循人与自然和谐的原则，要有系统全面的规划，不能无度开发、级级叠加，不能破坏我国仅有的健康河流，而应科学开发。

在一片净水的三江流域的水电开发必须遵循"四生"原则，建生态水库。

如何解决我国西南地区的干旱成灾？
——要提高水安全水平

西南地区包括云南、贵州、广西、四川、西藏五省和重庆市，如前所述，这五省无论从人均水资源量来看，还是从地表径流深来看，都不缺水。但由于年降雨丰枯不均，季节分布不均匀，近年来频频发生旱灾。尤以云南、贵州和四川为甚，下面仅以云南为例分析。

2009 年 10 月云南旱情开始，至 2010 年 5 月，在中北部持续 8 个月之久，1 亿亩耕地受旱，2 088 万人饮水困难。2014 年云南又遭旱灾，至 5 月 1 日仅降雨 73.8 毫米，为常年平均的 63%，受灾面积 285 万亩，118 万人饮水困难，102 条河流断流。面对这种困境，究竟如何解决呢？

1. 建设节水型社会，以节水优先

建设资源节约型社会是国家的基本策略之一，也是西南地区解决干旱缺水的最主要方法。不仅水少的地方需要节水，水多的地方也需要节水。西南地区有着巨大的节水潜力，通过节水型社会的建设，能够进一步提高区域水资源的保障能力，进一步改善区域水环境。已有规划到 2015 年，西南地区发展集雨节灌等非常规灌溉面积达 1 200 万亩，灌溉水有效利用系数提高到 0.48 左右；万元工业产值取用水量下降到 60 立方米左右，达到国内先进水平；城市人均综合用水量控制在 280 升/日左右，接近欧洲中等水平。根据这个目标粗略估算一下，西南地区到 2015 年农业节水潜力为 105 亿立方米左右，工业节水潜力为 5 亿立方米左右，仅此即为西南地区 2009 年水资源缺口的 1.88 倍，足以应对。

2. 以适当进行水利工程建设为辅

西南地区的缺水问题主要不是资源型短缺问题，而突出表现为工程型缺水。西南诸河流域是我国南方地区人均供水能力最低的流域，其调配能力的不足使得西南地区在应对干旱时常常缺乏必要的手段。西南地区现在的供水能力为 900 亿立方米左右，人均供水能力为 354 立方米，以达到目前全国平均水平 458 立方米/人为目标，则西南地区还需要增加供水能力 360 亿立方米，才能使总供水能力达到 1 200 亿立方米左右。

加强地表水利工程建设可从三个方面入手：一是大江大河骨干调蓄工程建设，提高水资源时间调配的能力；二是实现河湖联通和沟通，提高区域水资源空间互补调配的能力；三是分散式小型水利工程设施建设，解决农村需水问题。同时要加强西南地区地下水资源的开发利用。西南地区岩溶地下水天然资源量每年为 1 808 亿立方米，可开采资源量每年为 620 亿立方米，而目前西南岩溶石山区每年仅开发利用 92 亿立方米，只占总量的 15%。从各省情况来看，云南省的地下水开采剩余量每年为 184.07 亿立方米，占多年平均地下水资源的 24%。依作者在联合国主持制定的水资源标准，对地下水的开发利用在可更替量的 30% 以内可以保障水生态系统平衡，因此云南尚有余地，而贵州和广西已不能再多采。

3. 以水定人，促进人与自然和谐

首先是遵照国家的人口发展功能区定位，合理制定西南地区的人口发展总体方针，"以水定人"。西南地区的三江源地区、川西高原区、横断山地区、滇黔桂喀斯特山地区等都属于国家的人口限制区或人口疏散（收缩）区，生态脆弱，人口与产业相对分散，城市化水平不高，所以应以生态建设与生态服务为主要功能，同时兼顾生产和生活。对西南地区的成渝都市化区、北部湾沿岸城市群、昆明都市圈、贵阳都市圈，在制定每一个城市的发展规模时，必须按照新型城镇化的方针以水定城，根据邻近区域有无可以利用的水资源，量水而行。西南地区的水资源相对比较丰富，但规划时也需考虑城市人口增加的幅度，同时保证城市在最枯水季节所拥有的水资源储量能够满足城市设计规模所需要的用水量，从而保障城市可持续发展。

在已形成的城镇和人口集中地区，要注意水资源承载能力的提高，按照最严格水资源管理的方针政策，落实对三条红线，即控制用水总量、提高用水效率和控制入河排污总量的制定和实施。

4. 流域内优化水资源配置

西南地区的本底水资源条件较好，且地势较高，因此并不具备从外流域调水补充的必要性和可行性。其调水工程主要是内部水资源的优化配置工作。比如在云南省境内，径流面积为 100 平方公里以上的河流有 908 条，湖泊面积为 311.388 平方公里，人均水资源量超过 10 000 立方米，是全国平均水平的近 5 倍，排全国第三。但占云南省全省土地面积 6% 的坝区，集中了 2/3 的人口和 1/3 的耕地，水资源量却只有全省的 5%；滇中重要经济区的人均水资源量仅有 700 立方米左右，属重度缺水。特别是滇池流域人均水资源量不足 300 立方米，处于极度缺水状态。据此，云南省相继实施了若干调水工程，包括昆明掌鸠河引水供水工程、清水海引水工程、滇中调水工程等，取得了较好的效果。由此可见，在西南地区通过调水工程加强区域内水资源的空间调配，能够在一定程度上保障重点地区的用水需求；但需根据区域经济与社会的近期和远期需求进行周密的区域水资源供需平衡分析，以确定合理的调水规模，并充分论证工程技术的可行性。

5. 西南地区水安全的几点思考

通过对西南地区水资源情况、2010 年春季大旱和 2014 年春季旱情情况及其后的水灾的初步研究，有以下几点认识：

① 对西南地区的水资源保障要充分考虑大旱或连续干旱的问题。

② 针对西南地区水资源和水循环的特点，为了应对各种水资源问题（包括突发的），实行流域水资源统一管理（包括跨省机构的建立）是关键所在：在统一规划下加强水利工程建设，增加西南地区水资源调蓄和供水能力；推进西南地区人口、社会经济与水资源统筹规划和协调发展；全面开展节水型社会建设，提高区域水资源承载能力；加强西南地区内部水资源的优化配置和合理调配，保障重点地区用水。同时，西南地区应切实注重地下水勘查、备用水源和应急水源的建设，提高应急能力。

③ 西南干旱的应对在科学技术上要注重能力的建设：西南干旱的发生属于规律性不强和低概率事件，其预测有较大的难度，因此要加强区域水文中的长期预报和预警能力的建设，变传统抗旱为旱灾预防与管理，但也不必过度防范。

④ 西南地区有澜沧江、怒江和红河等多条国际河流，国际河流

的开发利用是西南地区水资源安全保障的一个重要组成部分。但在这些国际河流上的水利工程建设势必引起下游国家的争议，因此需要妥善解决国际河流权益分配问题，以达到共同开发、共同受益的目的。应该加强国际河流水文站网的建设，把以水文检测和资料整编、水文资料交换、水文分析计算为主要内容的双边或多边水文合作，作为国际河流合作开发的基础。在国际河流开发利用上，可坚持以作者提出的全流域人均、地均水资源量加权分配的原则，这样做对我国有利，不可对资源进行掠夺性开发，不可损害邻国的正当权益。最后在公平合理、互利互惠的基础上，推动国际河流的合作开发。

我国可以通过节水做到基本不缺水吗？
——节水优先

近期西方国家的一些机构和专家一再预测 10 年后我国将是世界上发生严重水资源短缺危机的国家之一。我国水资源禀赋不足，近 10 年我国人均水资源量为 1 975 立方米/人，按作者在联合国主持制定的生产、生活、生态用水标准，属于中度缺水的国家。我国华北、西北（主要是生态水）处于重度缺水状态；南方情况较好，但也不充裕，由于用水多、污染重，不少市区处于"水质型"缺水状态。因此，解决我国水资源供需平衡的总方略应为：善于运用系统思维，创新水理论，使开发、利用、治理方式科学化、合理化，做到节水优先，切实提高我国水安全水平，使我国不发生水危机。

从国际比较看，我国是有可能以节水为主达到水资源、水环境和水生态"三生"的供需平衡的。我国年人均用水为 454 立方米；德国人均水资源量为 1 306 立方米，年人均用水仅为 391 立方米。

我国万美元 GDP 用水 743 立方米，而德国仅为 155 立方米。如果说德国已经完成后工业化，我国与德国的可比性差的话，那么西班牙的人均水资源量 2 422 立方米和万美元 GDP 用水量 438 立方米应该是可以比较的。同时，我们不能走西方传统工业化的老路，而必须加速转变生产方式，尽快越过改革深水区，早日破解面临的水难题，实现中国梦。

以 2012 年为基准，我国总用水量为 6 131.2 亿立方米。

第一产业用水 3 900 亿立方米，占总用水量的 63.6%。其中灌溉用水为 2 730 亿立方米，占第一产业用水的 70%。2012 年有效灌溉利用系数为 0.516，若采用喷灌、滴灌、痕量灌溉、渠道保水等新技术和用水定额等管理制度，则到 2020 年完全可以把该系数提升到 0.58，即可节水 175 亿立方米。发达国家的有效灌溉利用系数一般可达到 0.6～0.7。

第二产业用水为 1 380 亿立方米，占总用水量的 22.5%，工业用水重复利用率仅为 55%。到 2020 年通过开发各种工业节水技术，推广节水设备，建立定额用水管理制度，建立合理水价机制，可以把工业用水重复利用率提高到 65%，即可节水 138 亿立方米。发达国家的工业用水重复利用率一般可达到 70%～80%。

居民生活用水为 742 亿立方米，占总用水量的 12.1%。其中70% 用于城市，即 519 亿立方米。目前我国城市输水管网漏失率在 15% 左右，因此加大投入修整城市输水管网，使漏失率降低到 5% 的水平，即可节水 52 亿立方米。发达国家城市输水管网漏失率一般低于 5%。另据发达国家测算，实施合理的阶梯水价后，在城市中一般可以减少 10% 的水被浪费，在我国即可节水 52 亿立方米。

舌尖浪费是生活用水浪费的最主要方面。中央电视台反复报道每年浪费的粮食（包括肉菜）够 2 亿人吃 1 年。如果浪费的 80% 可避免，则以人年均用粮 300 斤计，即可节粮 2 400 万吨，如果 70% 的粮食由灌溉生产（肉菜用水量更高），即可节水 118 亿立方米。

粮食储存和运输环节也有巨大浪费，至少每年浪费 1 500 万吨粮，也按 80% 可避免计算，每年可节水 59 亿立方米。

以上五方面总计每年可节水 594 亿立方米。

此外，第三产业也应节水；以科学的生态理念植树造林保证成活率（不能年年死、年年种）也可以节水，即不在不适于种树的地区种"小老树"等。还有其他节水措施，基本上可以补上到 2020 年我国每年 600 亿立方米的水资源缺口。

节水不仅能满足水资源的供需平衡，还能在宜居环境和生态文明建设方面起到重大作用。

1. 为居民提供更好的水环境

增加城市水面，不仅能让居民实现历史上的临水而居的中国梦，而且还有吸附大气污染物和降低城市热岛效应的实际作用。

2. 节水将有力地维系生态平衡

不少北方城市（目前越来越多的南方城市）靠抽取地下水供水，使得地下水水位不断降低，破坏了地下这个"天然水库"。尤其是不少北方城市已经要打 100 米以上的深井才能取到水，喝的都是"子孙水"，这是不可持续发展的行为。过度抽取地下水不仅严重影响地表植被，破坏生态系统，而且已经开始造成地面沉降，直接威胁居民的生存。

3. 节水可以制止污水处理厂的无限度修建

不考虑节水—无限度用水—产生大量污水—无限度地修建污水处理厂，这个用水过程是发达国家在 20 世纪 40—50 年代的做法。作者在丹麦、瑞典、挪威、法国和德国等多国考察时，各国的工程专家几乎不约而同地对作者说："我们真惭愧当年这种糊涂的做法竟无人出来制止。"这个想法表现了工程专家高度的良知与责任感。从 20 世纪 80 年代起，水环境专家已高度重视节水，有不少已成为了节水专家，在北欧自 20 世纪 80 年代，污水处理厂的数量和规模已稳定了 30 年。今天的事实证明，这不仅是正确的，而且是可能的，关键在于知识的学习和观念的转变。我们绝不能走西方"先污染，后治理"的老路，要创新，实现新型工业化。

4. 树立节水理念，提高人的素质

树立节水理念可以促使公众提高素质，正像不能随地吐痰、公众场合不能吸烟一样，不浪费水是人文明素质的体现。对各级专家和水利工作者来说，树立节水优先的理念，可以促进他们学习生态学、系统论、协同论和水资源学等新知识，缺什么、补什么。专家要出主意，也要负责任，要对水资源、水环境和水生态有与时俱进的认识，更好地为提高我国水安全水平服务，对人民的需求负责。

5. 以节水为核心，建立水文明系统

水文明是我国生态文明的核心子系统之一，是生态文明建设的重要组成部分，节水对水文明的建立起到不可或缺的作用。

应该借着城镇化、新型工业化和农业现代化的新机遇，破解水问题对经济社会发展构成的严重制约。

为什么要提水价？
——市场是配置资源的决定性因素

在 20 世纪 90 年代以前，对于提水价一直是有争论的，主要原因是怕困难企业的经营和城市贫民的生活受到较大影响，这是很可以理解的。但是，市场是资源配置的决定性因素是不容否定的，而价格又是市场配置的核心，是"加快推进粗放用水方式向集约用水方式的根本性转变"的关键。同时水，尤其是居民生活用水又有部分公共用品的性质，因此水的定价是相当复杂的事情，应该建立一套合理的机制。

1. 讨论提水价的一段历史

在 2001 年的国务院会议上再次讨论到水价问题，作者代表水利部参加，会上多数的意见仍然是水价提高还有诸多困难。作者递了个条子给当时的国务院副秘书长马凯同志问可否发言，马凯同志立即把条子转给了温家宝副总理，温副总理马上说："请水利部老吴同志谈谈。"

作者说："我感到提水价不是增加百姓和企业的负担。因为，目前许多地方的企业和百姓面临着提价或者缺水的选择，可是什么是正确的选择呢？在社会主义市场经济条件下应该是提价，而不是缺水。政府的职责就是引导人民做正确的选择。当然，水价提了以后要保障对企业和百姓供水的数量和质量。"

时任财政部副部长的高强同志提问："吴司长讲得很好，我想问一个进一步的问题：对提价后的收入去向有什么考虑呢？"作者回答："这个问题我没什么研究，既然高部长问，就提些不成熟的想法：一是成为水资源费，使得水资源保护成为有源之水；二是成为供水企业的成本和利润，使它们能更新设备；三是成为污水处理厂的运行费用，使它们能够正常运行；四是向节水技术投入，使得节水可以采用高新技术。"

后来大家都未再发表意见，温副总理做总结："今天，看来大家在水价问题上都一致了。水价要提，但是要适时、适地、适度。"自此，提水价走出了讨论而进入了实施阶段。

2. 合理水价机制的构成

在绝大多数国家中，水已经不再是一个人的使用不影响他人使用的公共产品。水资源和土地资源一样是母体资源，是战略资源，是人民生活的必需品，是国家安全的保障。国家必须控制这一资源，任何一个现代国家都是这样做的。因此，水这种商品由市场配置是必要的，它进入的是一个政府通过特许经营来管制的不完全市场。

水是对人类有极高价值的自然资源，在市场中应有其价格，目前在世界范围内，水已不同程度地成为短缺资源，因此大多数国家和地区的水价都在不同程度地提高。较深和深层地下水是难以或不能再生的资源，因此应以控取和高价来保护。

水价分为资源水价、工程水价和环境水价三个组成部分是合理的，实际上，水资源配置较好的发达国家也都是这样做的。

（1）非市场调节的水价部分——资源水价

资源水价是体现水资源价值的价格，它包括对水资源耗费的补偿；对水生态（如取水或调水引起的水生态变化）影响的补偿；为加强对短缺水资源的保护而促进技术开发，还应包括对促进节水所做的技术进步的投入。

1）水资源费（税）的确定

资源水价应通过征收水资源费（税）来体现，政府按照以基本用量为标准的生活用水（如 8 吨/户），以万元国内生产总值耗水为标准的生产用水（效益高者优先，必要产业可实行补贴）和必要的生态用水来规定分水定额，优化配置水资源。任何用户通过交纳水资源税获得取水许可证，来取得水资源的使用权。此时水尚未进入市场，而是按照行政命令进行分配。

2）分水定额的制定

分水定额是取水许可的依据，应依以下原则制定：

① 分水定额是一个比例，水量依丰枯年和客水来量；

② 分水定额应一定，3～5 年不频繁变动；

③ 分水定额应保证必要产业的正常生产，禁止靠买水权经营（如已出现的靠买地权而不生产的现象）。

（2）市场调节的水价部分——工程水价和环境水价

1）工程水价与环境水价的内涵

所谓工程水价就是通过具体的或抽象的物化劳动把资源水变成产品水，进入市场后成为商品水所花费的代价，包括勘测、设计、施工、运行、经营、管理、维护、修理和折旧的代价。具体体现为供水价格。

所谓环境水价就是经使用的水体排出用户范围后污染了他人或

公共的水环境，为污染治理和水环境保护所需要付出的代价。具体体现为污水处理费。

2）工程水价和环境水价的确定原则

工程水价和环境水价指在政府通过特许经营管制的不完全市场中的水价，它的确定大致可遵循如下原则：

a. 实行阶梯式水价

所谓阶梯式水价就是用量越大，价格越高，对于超定额用水进行阶梯加价，其主要目的是促进节水和减少污染量，以保护短缺的水资源。如果给排水量实现了自动监测，则还可以实行累进水价。

b. 对地下水的保护价

地下水是储备水资源，较深或深层地下水难以或不可能再生，根据优先利用可再生资源的原则，应该优先使用地表水，对地下水实行保护性的高价。

c. 跨流域调水水价

跨流域调水要逐步改变国家无偿投入的情况，实行工程建设和经营管理的股份制，进入市场，要进行科学、准确的调水水价预测，如果没有主要用户对预测的调水水价承诺，则跨流域调水不能开工。

d. 污水处理价

目前，污水处理费征收尚不普遍，已征收的多没有到位，不仅不能补偿污水处理工程建设的投入，甚至不能保证污水处理设施的正常运行，出现处理一吨亏一吨的情况，使筹资不易建设起来的污水处理设施不能正常运行，普遍利用效率低下。

只有在污水处理价格逐步提高到包括工程投入和运行费用在内后仍实现薄本微利时，污水处理才能进入市场。以后在监测条件成熟的情况下，对大企业用户也应根据污染率实行阶梯式的污水处理价。

e. 海水淡化价

目前看来，海水淡化是淡水资源短缺前途无量的补充，问题是代价太高，目前我国的先进技术为原水6元/吨的水平，而国际上已达到0.6美元/吨的水平。对于有条件的地区，政府应实行补贴，使之达到与其他水源相近的价格，参与市场竞争，并出台其他鼓励性措施，以促进海水淡化技术的开发。

f. 实行民主协商制度，增加水价制定的透明度

水市场是一个不完全市场，水行业带有较强的垄断性质，政府又通过特许经营进行管制，因此，由政府、水企业和水消费者三方组成流域和城市的水务委员会，进行民主协商，增加水价制定的透明度不仅是必要的，也是符合三方的根本利益的。同时要建立水价提高的预警制度。国外按上述原则组成的水务委员会被证明是成功的。

g. 充分考虑农业用水户的承受能力

制定和提高水价是符合农民的根本利益的，农民最终也要在缺水和加价二者之间做出选择，政府的职责就是引导人民做出正确的选择。对农业水价的调整更应该严格遵循适时、适地和适度的原则，对于确实负担不起的，也要微提水价，促进节水意识的提高，可以采取政府按原用量予以相对稳定的补贴，节水后的补贴在一般时间内不变。

在考虑以上原则的基础上，通过水务委员会民主协商，由流域管理机构或城市水务局通过水资源供求平衡的计算制定出最优水价浮动范围，市场调节部分的水价由净水、给排水和污水处理企业在

浮动范围内以"优水优价"的原则定价。关于居民生活用水的水价将在"什么是人民最关注的水问题"部分中具体讨论。

3. 让水环境治理走出误区的关键是市场

前面已经提到，改革开放后我国几乎在经济发展的各个方面都以 35 年的时间走过了西方五六十年以至上百年的历程，创造了人类史上的奇迹。唯有水环境治理反而不如德、法、英等国在 20 世纪 50—80 年代（城市人均 GDP 与我国京沪津目前相近）水环境治理的效果，这是不争的事实。

为什么呢？最根本的原因是认识的误区、"固有利益的藩篱"、治理方式不甚合理和开发技术的不适宜，其中的关键是没有使市场在配置资源中起决定性作用。

水污染治理一般由各级政府主管部门委托专家制定各种规划，这是该管的事，但未能管得好。由于我国水环境工程属于新兴学科，专家人数极少，又多从各学科转来，不太善于运用系统思维，缺乏协调，不少规划本身就不甚合理，而又无人对此负责。政府认为专家应负责，但又没有"契约"保证，造成了不管效果如何都无人承担责任的局面，比"指令性计划"还糟，完全没使市场起决定性作用。

水污染治理完全可以在实行准入制度的条件下市场化，由政府招标水务公司承担，水务公司招标委托有资质的科研单位承担规划设计，政府与公司、公司与科研单位订立合法的契约，完不成条款逐级追责，让市场（以至人民群众）鉴定，彻底改变三方谁是运动员、谁是教练员、谁是裁判员都不清楚，谁都不负责任的局面。

水环境治理技术的问题更为突出，各类的评奖等未贯彻"实践是检验真理的唯一标准"这条在"文革"中取得的、最重要的经验教训，未按中央肯定的水功能区划分来评定不同的适宜技术，形成"固有利益的藩篱"，未能让市场决定技术路线与技术选择。

因此要坚决克服政府职能错位、越位和缺位兼有的现象，深刻认识"使市场在资源配置中起决定性作用"是我党"对中国特色社会主义建设规律认识的一个新突破，是马克思主义中国化的一个新的成果，标志着社会主义市场经济发展进入了一个新阶段"，解决"仍然存在不少束缚市场主体活力、阻碍市场和价值规律充分发挥作用的弊端"，从广度和深度上推进市场化改革。这样，水环境治理就一定能有大的突破，圆人民"饮甘泉，临绿水青山"的中国梦。

关于由此引起的"污水处理厂半开半停"的问题，将在"如何治理恶化趋势难以遏制的水环境"部分中专述。

管水还要立哪些法？
——依法行政，违法必究

"保障水资源安全，无论是系统修复生态、扩大生态空间，还是节约用水、治理水污染等，都要充分发挥市场和政府的作用，分清政府该干什么，哪些事情可以依靠市场机制。"

国家的主要职责是依法行政，今天"水"已经是国家安全的内容之一，应该有完整的法律体系作为依据，依法行政。

水资源开发利用三条红线的贯彻落实，主要靠的是行政管理，而行政管理的准则是依法行政，所以建立完善的法律体系是当务之急，建议建立如图 3-2 所示的法律体系。

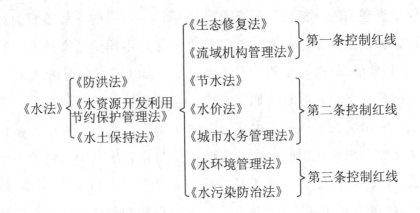

图 3 - 2　管水法律体系

《水法》已于 1988 年制定，2002 年第一次修改。《水土保持法》已于 1991 年制定，2010 年第一次修改。《水污染防治法》已于 1996 年制定，2008 年第一次修改，2014 年第二次修改。《防洪法》已于 1997 年制定。

目前亟待建立的是以下法律：

《水资源开发利用节约保护管理法》。这是《水法》具体操作的法律，统筹水资源的开发、利用、治理、配置、节约、保护和利用。其中包括水资源和水环境工程等规范。目的是为《水法》增加可操作性，并补充罚则。

《生态修复性》应对生态修复建立规范，以保证经济效益和生态效益。

《流域机构管理法》将使水资源总量控制水权配置的执行机构——流域水资源机构在水资源、水环境配置和工程管理上有法可依。从自然生态系统来看，水系是按流域来划分的，因此人对水的管理要想与自然和谐，就应按流域进行管理，加强流域机构统一管理流域内水资源的权威性。清朝年羹尧作为钦臣大臣治理黑河时，为了保住尾闾东、西居延海，实行"下加一级"的制度，即中游至下游各县县令依次官加一品，以保证中游不过度用水，黑河才能不断流。

《水价法》以法律规范水市场，充分利用价格杠杆提高用水效率，促进水环境工程的多方投入。同时，实现市场准入，保证居民饮用水的质量，使水价稳定合理。

《节水法》是许多西方国家都有的法律，对节水起到了巨大作用。《节水法》要对工业、农业、居民生活用水都建立规范，以供定需，实行配额制（包括在丰水地区也要减少污染），加大处罚力度，增加违法成本。生态用水也必须节约使用，务求实效，依法追责。

《水环境管理法》要在已有的《水污染防治法》的基础上，更明确以水功能区限制纳污红线为准则，加强原法律的系统性、针对性，明确责任，加强罚则，变单纯污染治理为环境管理，变单纯建污水处理厂为水环境系统工程。

《城市水务管理法》。在新型城镇化过程中，缺水城市，尤其是北京和天津等特大城市所受到的水资源制约已成为"令人揪心的问题"。中央已明确提出"以水定城、以水定地、以水定人、以水定产"的新型城镇化方针。这一城市发展指导思想的重大创新，以前已分别提出，但未受到重视，在执行上几起几落，不断反复，已经造成严重的"城市病"，所以必须以立法来保障执行。

水务局（即涉水事务统一管理的行政机构）是一个城市水事的管理机构，在世界许多国家已行之有效。发达国家的城市人口已达80％以上，因此水务局已成为全国水事的管理机构。我国目前城市人口已占全国人口的一半以上，加上2.6亿农民进城，实际城市用水人口已占全国人口的2/3以上；同时我国目前实行市管县的行政体制，为城乡水管一体化提供了便利条件。水务局作为《城市水务管理法》的执行机构，与其他相关部门分工合作，才能实现水环境工程的科学规划、统筹实施和有效管理，从而让全国人民喝上好水，让子孙后代健康成长。

自 2001 年起由作者提倡，得到中央领导支持，在水利部领导下的水务管理体制改革至今已十余年之久，改革主要针对的是在理论上将水资源、水环境和水生态进行了不科学的分割的错误认识，以及在管理上的"九龙治水"的部门设置。至今水务统一管理体制已在全国推广，截至 2011 年底，全国实现水务一体化管理的县以上的行政区已有 1 890 个，占全国县级以上行政区的 77.6%。

如何治理恶化趋势
难以遏制的水环境

　　"饮用甘泉，临绿水青山"是中国人自古以来的"中国梦"。自我国改革开放至今，我国的经济总量已居世界第二位，30多年完成了西方近百年的经济发展历程；我国的航天事业也已跃居世界第二位，以30多年完成了西方近50年的发展历程。从重要领域来看，唯有水环境治理，虽然30年来投入不少，但见效不大，与德国、英国和法国在20世纪50—80年代的水环境治理相比，投入不少，效果不佳，这是不争的事实。

　　如果说对航天投入的效果在科技界没有取得一致认识的话，那么水环境治理对国计民生重要性的认识应该是没有歧义的。目前几乎没有一个出身于农村的50后官员和科学家不说自己家乡的小河脏了、干了、没鱼了，浅井打不出水了。水污染中的多种物质（包括尚未知的）对人的危害比PM2.5大得多。近年来，畸形、过敏体质的新生儿与20世纪50年代相比成倍地增加；食品中的非绿色物质有50%以上来自水，而化肥加农药只是小头；这一切无不与水环境的日益恶化密切相关，而且已形成紧迫的倒逼态势。因此，应立即按十八届三中全会提出的："必须建立系统完整的生态文明制度体系，用制度保护生态环境。"

什么是水污染的标准？

水的质量标准不像前述水的数量标准那样可以用统计规律简单地总结，它拥有一个庞大的指标体系，对于非专业人士来说既难以掌握，又没有必要完全了解。

但是仍可以从公众对水质量的要求来加以分类，即大家所了解的水从质量来分可以定为五类（实际上是六类），而这个分类是与其利用功能密不可分的。

依据地表水的水域环境功能和保护目标，按水的功能高低将质量依次划分为五类：

- Ⅰ类。主要适用于源头水，国家自然保护区。
- Ⅱ类。主要适用于集中式生活饮用水的地表水源地一级保护区、珍稀水生生物栖息地、鱼虾类产场、仔稚幼鱼的索饵场等。
- Ⅲ类。主要适用于集中式生活饮用水的地表水源地二级保护区、鱼虾类越冬场、洄游通道、水产养殖区等渔业水域及游泳区。
- Ⅳ类。主要适用于一般工业用水区及人体非直接接触的娱乐用水区。
- Ⅴ类。主要适用于农业用水区及一般景观要求的水域。
- 劣Ⅴ类。即已经没有使用功能且对人体有害的水，应必须加以治理。

对应地表水上述五类水域的功能，将地表水环境质量标准的基本项目标准值也分为五类，不同功能类别分别执行相应类别的标准值。水域功能类别高的，标准值就高；水域功能类别低的，标准值就低；

同一水域兼有多类使用功能的，执行最高功能类别对应的标准值。

从"以人为本"来看，最重要的是饮用水，或者说是自来水的质量，我国现行有106项指标来判断，有的国家多达200项以上，更不是公众能够掌握的，在这里仅列出最重要的指标，如表4-1所列。

表4-1　自来水水质常规指标

微生物指标	毒理指标	感官性状和一般化学指标	放射性指标	饮用水毒剂指标
• 总大肠菌群； • 大肠埃希氏菌； • 耐热大肠菌群； • 菌落总数	• 砷； • 硒； • 四氯化碳； • 镉； • 氯化物； • 溴酸盐； • 铬； • 氟化物； • 甲醛； • 铅； • 硝酸盐； • 亚氯酸盐； • 汞； • 三氯甲烷； • 氯酸盐	• 色度； • 铁； • 溶解性总固体； • 浑浊度； • 锰； • 总硬度； • 臭和味； • 铜； • 耗氧量 • 肉眼可见物； • 锌； • 挥发酚类； • 水溶液酸度； • 氯化物； • 铝； • 硫酸盐； • 阴离子合成洗涤剂	• 总α放射性； • 总β放射性	• 氯化及游离氯剂； • 臭氧； • 一氯胺； • 二氧化氯

　　客观地说，即便定更多的指标来监测，也不能精确地反映水的质量，这有以下几个原因：

　　首先，从医学上看，人类现在还有未知的疾病和病因不清的疾病，因此仅据现有指标就能肯定对人类完全无害是不科学的。

　　其次，不同地域的水质不同，不同人种和不同地域的人对水质的适应也不同。

　　最后，各种水质指标的污染指标上限至今还是医学上正在探索的问题。

　　其实还有其他各种原因都说明以水质标准来监测是不得已的办法。但最重要的还是节约用水、清洁生产、少排污染，保证"青山绿水"的好水源。

　　水是所有公众男女老少都要利用的基本物质，对于它的标准，"要知道梨子的味道，就要亲口尝一尝"这句话还是适用的。所有水环境专家都应该深入实际，能够根据色、味和口感来判断水的质量和类别。

　　水和酒是一个道理，正像酒的好坏不能全靠化学检验来判断，而需要有品酒师一样，对于不同流域、不同类别的水，水环境专家不仅要实地考察，而且还应该亲口尝一尝。作者不仅在国内做到了这一点，在百国的水考察中也做到了这一点，哪怕在面对恒河河口的劣 V 类水的时候。在日本考察时，作者仅靠个人的看和尝就能使对水质的判断误差不超过半类。陪同的日本水利官员和技术人员惊叹："应该请您到日本来，就可以大大裁减检测实验室了，我们要向您学习。"当然这是句玩笑话，但这是认真讲的。

我国水污染的严峻形势及其危害如何？
——为了人民和子孙的健康

我国水污染形势严峻，而水污染治理又存在误区。

1. 协同创新走出水环境治理的误区

对于我国多年来水环境污染难以遏制的一种解释是污染量大增。污染增加的确给水环境治理带来很大困难。但是，相比较而言，我国的经济增长在这 30 年也遇到了很多困难；航天从卫星到载人所遇到的困难更是质的变化，但是航天人并没有强调这些，而是埋头实干。另一种解释是政府监管不力，30 年来历届政府对水环境治理都是高度重视的，法规不断出台，监管部门一再升级，投入不断加大，应该说政府对水环境治理的重视和投入程度大于航天事业。

可是为什么结果会不同呢？原因有多方面，但是最重要的方面是缺少科学的发展观念：基础理论研究不足，对水环境没有采用大系统分析；技术路线偏颇，没有强调适宜技术；顶层设计指导思想不清，总体规划流于形式；路线图有误；没有一个时间表，更缺少对上述工作承担责任的机制。所以，有的基层干部用"说的不干，干的无权说"来形容这一现象。

2. 我国重点流域的总体水质处于中度污染，部分地区情况严重

依据《重点流域水污染防治规划（2011—2015）》，我国重点流

域包括松花江、淮河、海河、辽河、黄河中上游、太湖、巢湖、滇池、三峡库区及其上游和丹江口库区及其上游 10 个流域，涉及 23 个省（自治区、直辖市）、254 个市（州、盟）、1 578 个县（市、区、旗），总人口约占全国的 56.5%，面积约占全国的 32.2%，GDP 总量约占全国的 51.9%。

重点流域的总体水质处于中度污染，在全国排查的 4.46 万家化学品企业中，72% 分布在长江、黄河、珠江、太湖等重点流域沿岸，距离饮用水水源保护区和重要生态功能区等环境敏感区不足 1 公里的企业占 12.2%。

《2010 年环境状况公报》也显示，全国地表水污染依然较重。在 204 条河流的 409 个地表水国控监测断面中，Ⅰ～Ⅲ类、Ⅳ～Ⅴ类和劣Ⅴ类水质的断面比例分别为 59.9%、23.7% 和 16.4%。主要污染指标为高锰酸盐指数、五日生化需氧量和氨氮。其中，珠江的水质良好，松花江、淮河为轻度污染，黄河、辽河为中度污染，海河为重度污染。

3. 湖泊水质堪忧

2012 年，对全国开发利用程度较高和面积较大的 112 个主要湖泊共 2.6 万平方公里水面进行了水质评价。全年总体水质为 Ⅰ～Ⅲ类的湖泊有 32 个，占评价湖泊总数的 28.6%，占评价水面面积的 44.2%；Ⅳ～Ⅴ类湖泊有 55 个，占评价湖泊总数的 49.1%，占评价水面面积的 31.5%；劣Ⅴ类水质的湖泊有 25 个，占评价湖泊总数的 22.3%。在"三湖"中，巢湖的总体水质为Ⅴ类，太湖和滇池为劣Ⅴ类。

对湖泊营养状况的评价结果显示，大部分湖泊处于富营养状态。贫营养湖泊只有 1 个，占评价湖泊总数的 0.9%；中营养湖泊有 38 个，占评价湖泊总数的 33.9%；富营养湖泊有 73 个，占评价湖泊总数的 65.2%。在富营养湖泊中，处于轻度富营养状态的湖泊有 45 个，占富营养湖泊总数的 61.6%；处于中度富营养状态的湖泊有 28 个，占富营养湖泊总数的 38.4%。河北的白洋淀，江苏的漏湖，安徽的天井湖和巢湖，江西的西湖，山东的麻大湖，湖北的南湖，云南的滇池、星云湖、杞麓湖和异龙湖的富营养化程度较重。

与上一年湖泊水质评价结果的比较分析表明（同比 103 个湖泊），水质为 I～Ⅲ 类湖泊的个数比例减少 12.7%，富营养状态湖泊比例仅下降了 2.9%。显然，污染趋势正在加剧。

4. 长江加速病危

长江是我国最主要的一条河流，占我国总水资源量的 1/3。尽管不同部门的监测数据有差别，但 2012 年对长江的排污量达 330 亿吨，已远超过其 250 亿吨的纳污自净能力，Ⅴ 类水与劣 Ⅴ 类水之和占 16.7%，处于从量变到质变的临界，已不是一条健康的河流。

2013 年完成的《长江体验报告》指出，近 30 年来，全国有 243 个面积在 1 平方公里以上的湖泊死亡。因围垦而消失的湖泊占总量的 42%。

2011 年底鄱阳湖进入极枯水位期，这样的枯水期几乎每年都在长江中下游上演。2012 年 1 月 4 日，鄱阳湖畔湖口县，水位标杆已露出水面。

长江中下游的湖泊已逐渐消亡，其中"人祸"因素居首。在 243 个死亡的湖泊中，因围垦而消失的湖泊有 102 个，约占消失湖泊总量的 42.0％，集中在鄂、皖、苏等地。1950 年代以来，长江中下游因围垦而减少的湖泊容积相当于淮河多年平均年径流量的 1.1 倍，是五大淡水湖泊蓄水总量的 1.3 倍。

长江中下游有 77 个面积为 10 平方公里以上的湖泊，这些湖泊均呈现清水型植物减少、耐污性植物增加的趋势，甚至在有的湖泊中，水底植物已完全消失，藻类占绝对优势。这表明，这些湖泊遭到了严重污染。

在这些湖泊中，77％的水质劣于Ⅲ类水质，即不能作为饮用水的原水，劣于Ⅴ类水质标准的占 32％。处于富营养状态的湖泊占总数的 88.3％，其中重度富营养的占 23.4％。

1950 年代，滇池中的沉水植物有 42 种，本次调查只剩下 8 种；土著鱼类原有 24 种，现仅存 4 种。

近几十年来，湖泊与长江的联系被大坝和涵闸阻断，湖泊由此失去了与长江的天然水力联系，湖泊的换水周期延长，湖泊湿地对污染物的净化能力和水体的自净能力下降，因此加重了湖泊水质的恶化和富营养化趋势，成为蓝藻等频发的重要因素。

实际上，即使江湖相通，其净化能力也在大幅下降，因为长江本身也在遭受严重污染。2009 年，长江流域的废污水排放总量为 333.2 亿吨，较 2003 年增加了 21.9％，占长江多年平均径流量的 3.4％，大大超过 1/40 污净比的自净能力，也就是说，超量排放了 88 亿吨污水，长江已经不再是一条健康的河流。

2014 年 5 月 9 日，江苏省靖江市自来水公司发现长江水有异味，且不明原因，造成城市 68 万居民停水 7 小时，这更说明不保证长江持续稳定的水质，将直接影响到居民的健康与生活。

5. 地下水情况更为严重

根据《2010 年环境状况公报》，在 182 个开展地下水水质监测的城市中，57％监测点的水质为较差甚至极差。

国土资源部于 2014 年 5 月发布的《2013 中国国土资源公报》显示，203 个地级市行政区开展了地下水水质监测，监测点总数为 4 778 个，其中水质呈较差级别的有 2 095 个，占 43.9％；水质呈极差级别的有 750 个，占 15.7％。二者相加接近六成。个别监测点的水质存在重（类）金属铅、六价铬、砷等超标现象，对人体危害很大。

好水比例逐年下降；2011—2013 年，水质较差和极差的监测点数量占监测点总数的比例却逐年上升，各年分别为 55％、57.4％和 59.6％。

水环境治理的"不甚合理"在哪里？
——与潘家铮先生晤谈

作者同意"水环境问题是我国最重要的水问题和最大的危机"的看法，造成这一问题，既有水环境工程科学基础研究的误区（政府部门研究机构的应用研究取得了不小的成绩），又有行政管理分割的原因。

水环境工程科学的基础研究应充分借鉴李四光先生的构造系统论和钱学森院士的"非平衡态复杂巨系统"理论，以多学科综合交叉提高层次，这样才能像找油和航天一样，不是一句只谈"绿色"的政治性口号，而是实际解决我国的水环境问题。

我国水环境治理工程已有在滇池失败的教训，2008 年之前的工程规划失败与否不是任何人可以下定论的，"实践是检验真理的唯一标准"是任何"权威"都不能否认的，做实地调查和问湖区居民就会一清二楚。多年来，中央主管部门和地方政府已经高度重视，采取了多方面措施，大多数科学家也做了有效的努力。问题的关键是要吸取教训，要实现与多学科交叉融合的基础研究，治理措施要形成真正的系统工程，不要只是进行"神仙会"式的简单讨论，只是基于本学科的简单叠加，那样不可能形成科学的规划。没有科学的规划，就不可能有预期的效果。要想解决问题，就应该充分借鉴载人航天工程的成功经验。载人航天工程是在系统论的指导下，综合了生物学和病理学的各有关学科，制定了科学的工程规划，从而取得了成功的实践，使得杨利伟等宇航员成功地返回地面并健康生活。这与滇池治理不仅有可比性，而且难度更高。

水环境工程科学是一门新学科，其基础研究不是公共卫生学和化学研究的简单延长，而是以系统论、生态学、水生物学、水文学、协同论、统计学和概率论为指导的多学科交叉综合。要想创新基本概念，研究者应该缺什么补什么。已故的水利泰斗张光斗院士早就认识到全面解决水问题要有系统论等高等数学知识，所以把自己的独子送入数学力学系。

1. 潘家铮先生的高风亮节值得所有水工作者学习

在这里有一个例子更能说明科学家的道德。在 2001 年的一次国务院会议上，国务院主要领导、受人尊敬的潘家铮院士与作者在休息时间刚好站在一起，潘先生说："我潘家铮是罪人，我过去修了那么多水库。"作者马上说："潘先生您千万不能这么说，您是功臣，是大功臣。在三年自然灾害时期，没有您主持修的水库，老百姓要受更多的灾难。新思想应该提倡，但不允许任何人否定历史。"自此，作者与潘先生成为忘年交，作者多次到他的办公室畅谈，他也给作者多方面的指导和支持。潘先生已是故人，如果大家都学习他尊重科学、尊重人才、坚持真理、坚守良知的大师风度，都有与时俱进的科学指导思想，我国的水环境还有什么治不好的呢？

2. 水资源是水环境的基础，"生态水"概念是水环境工程理论的创新

在理论上，把"水资源"与"水环境"分割是严重的误区，没有水资源就不存在水环境；没有好的"水资源"，就不可能有好的"水环境"。在水域中，没有足够的生态水，更不可能有好的水环境。在专业上，分成"你是搞水资源的，不是搞水环境的"，也造成了严重的误区。

在水生态不平衡的缺水地区，水环境问题尤为突出，居民甚至得不到清洁的饮用水源，因此必须应用科学的水环境工程加以解决。

进入 21 世纪，在全球性水资源短缺的形势下，人类已经认识到不仅生活和生产用水是必不可少的，而且水环境与水生态系统平衡更是人类生存的基础，不但要重视"生产"和"生活"这"两生"，还要充分认识"第三生"即用以维系"水环境"的"生态用水"。

3. 加强系统思维，以航天工程为模板，重新认识水环境科学

航天工程是一个复杂的系统工程，其中的学科包罗万象，但国

际共识起最重要作用的学科是系统论，没有系统论的应用和发展，载人航天不可能成功。

环境科学在国际上都是一门新兴的交叉学科，水环境工程科学不是公共卫生与化学的简单结合，而是生态学、系统论、协同论、水生物学、水文学、统计学和概率论的融合，它构成了系统和创新理论。水生态系统属于钱学森先生提出的非平衡态复杂巨系统，不是单一知识所能够认识的，因此各级水环境工作者都应该缺什么知识，补什么知识，不能故步自封、自筑藩篱。

水环境工程的目的是要在水需求与水供给之间达到平衡，但这是一个非平衡态复杂巨系统，其中的平衡不是算术的线性平衡，而是多元函数的非线性平衡；不是静态的平衡，而是动态的平衡；不仅是量的平衡，而且是质的平衡。

具体地说，水环境工程的目的是在水需求量平衡的基础上达到质的平衡，即解决"水质型缺水"的问题，要使人需要的、标准不同的各类水都能满足要求。所谓不是算术的线性平衡，就是不仅是按排污量简单地建污水处理厂，而是考虑解决污染的水源地保护以及节水与点源、面源和内源的三类排污多元素的非线性复杂函数。所谓不是静态的平衡，就是不能机械地考虑排污量，而要考虑污染源因季节、生产周期和人的生活作息等随时间的变化。只有这样才能科学治污。

4. 一个名词的实例说明环境科学基础理论研究有待加强

作者在 1982 年回国前曾做过联合国的"多学科综合研究应用于经济发展"的项目。回国后，听到"生态环境"这个词就产生了疑问，因为没有人能清楚地说明它的定义是什么，而且发现无论是科学论文还是国家领导人讲话的英文翻译都是生态系统（ecological system）。

"生态环境"是个语义不明的词。在环境问题中，英文的"环境"（environment）一般指"生存环境"（life environment），是人对周围自然生态系统的感觉，或者说是自然生态系统的状态，其中人是主体。英文并没有"生态环境"（ecological environment）一词。

从中文来讲，"生态环境"一词类似于"庆祝国庆"，语义重复。实际上"生态系统"包括了"生存环境"。生态系统是客观存在的，而生存环境是人对生态系统状态的感觉和认知。当然，概念和名词都可以创造和创新，但问题是还没有人给出"生态环境"与"生态系统"不同的定义。

作者费尽周折，打听到"生态环境"这个概念是黄秉维教授创意的。作者在 2001 年的一次会议上见到了他，并从"水生态"与"水环境"的概念出发，向他提出了这个问题："黄先生，听说'生态环境'这个词是您创意的，您能给我讲一下它的定义吗?"黄先生说："这是第一次有人向我提出这个问题，这是个语意不明的词，没有定义。不过我可以说一下它的来由，它起源于 20 世纪 80 年代初的一次国家级的宪法修改讨论会。草案中有'遏制生态系统蜕变'的词语，我提出生态系统的蜕变不一定对人类不利，不能以遏制一言以蔽之。例如，河流三角洲冲积平原的形成就是生态系统的蜕变，但是它对人类有利。大家问：'您说应该怎么提呢?'我回答：'似乎应该提遏制对生态环境的破坏。'当时得到大家的一致赞同，这个词就沿用下来了。我完全同意你的意见，'生态环境'是个没有定义的词，当时十分仓促，并没有多考虑，也没有想到这个词居然产生今天这样的价值。"

黄先生已是故人，他的科学态度和高风亮节让人肃然起敬，使作者记忆犹新，值得我们每一个"环境"与"生态"工作者学习。

作者提到这件事后，水利界有人向上反映过这个问题，还专门召集过专家进行研究，也曾间接征询过作者的意见。作者明确表示："生态环境"这个词已经约定俗成，深入人心，起到了提倡"可持续发展"——新理念的积极作用，完全没有必要改变。但对它提出确切的定义是必要的。"生态环境"的定义似应是"在人与生物圈中，自然生态系统的状态"。

这个事例说明的问题不言自明。

为什么水环境治理拖了发展的后腿？
——处理好开源和节流的关系：工程误区

30 年来，我国水环境治理工程布局存在的严重误区不仅造成了国内外一致认同的 GDP 损失（估计值有差异），也是拖社会发展后腿的重要原因。

1. "谁污染，谁治理" 的误读

在水环境治理方面一直有对西方 "Polluter Pays" 英文原意的严重误读，将其一直译为"谁污染，谁治理"，这不但是英文理解错误，而且于法理不符，与情理也不合。从法理上讲，犯法者（已经有《环境保护法》）应受罚，而不是自行纠正；从情理上讲，一般情况下如果排污者有可能治污，他就不会过量排污。所以实际应译为"谁污染，谁补偿"，污染者要付出代价。

使企业污水达标排放是正确而且必要的，但有生产实践经验的人都知道，这正是"清洁生产"的真谛，要从源头做起（减量、少用），在生产流程中实现，而不是企业自备污水处理设备。由于这种本不应有的误区使得不少企业在很长一段时间内走了弯路，它们自行治污投入不少，但规模小、技术低、效果差，造成了水环境污染日益严重。

正确的做法是污染企业在达标排放的基础上为排污付出代价，交排污费或排污税，然后污水交由国家统一建厂处理，这样才可能保证规模效益、技术水平和正常运转，才能达到治污的目的。

宜成立水务综合管理机构，充分发挥政府的作用，全面、系统规划和开发不同水功能区的水环境治理工程。在管理上，要部门协调，不能九龙治水；在思路上，应多维考虑，不能单打一。水环境工程应从由单项技术拉动转变为由系统工程推动；从由土木工程理论拉动转变为由生态系统理论推动；从由单一学科拉动转变为由多学科综合研究推动。

2. 如何看建污水处理厂

建污水处理厂的指导思想在我国存在较严重的误区。首先，认识到建厂处理污水减轻污水对人的危害本是好事，但建污水处理厂是不得已而为之。认识上有误区。科学理念绝不是随便用水，污染了就建厂处理，甚至计入GDP，这是"黑色GDP"。要知道污水处理厂不仅占地、投钱、耗能，而且大量释放二氧化碳，加剧温室效应，这个基本常识多年来一直被忽略。同时，在现有技术条件下，污水处理厂净水能量有限。我国处在发展时期，适当增建污水处理厂是必要的，但必须注意到不能随GDP的增长成正比地增建污水处理厂，正像给低效、过剩的钢铁厂和水泥厂大量投入建除尘设备一样不合理。这样怎么能把转变生产方式落到实处？怎么能实行新型工业化？作者在 2000 年就提出"节水就是治污"的理念，指出不能只强调修建污水处理厂和提高污水处理级别，否则无限度地兴建污水处理厂会耗费大量的土地、财力、能源和人力，增加 CO_2 排放。

3. "节水就是防污"

"节水就是防污"应该是水污染治理的基本理念，不高度重视这一理念，"节约资源"、"循环经济"、"可持续发展"和"人与自然和谐"都将成为空洞的口号。欧洲发达国家之所以能在 20 世纪 50—80 年代的水污染治理中取得较我国明显得多的成绩，就在于它们从水环境工程理论界到政府有关主管部门都牢固树立了这一理念，与我国今天仍以建污水处理厂为水环境治理的第一要务形成了巨大的反差。德、法、英等国的污水处理厂基本上稳定在 20 世纪 80 年代的水平，而我国 2010 年的人均 GDP 已可与德、法、英 20 世纪 70 年代末相比，说明我国的生产已与它们处在同一发展阶段，因此"我国经济落后，所以要大量排污"的理由不能成立。

"先污染，后治理"是落后的工程规划理念。早在 20 世纪 90 年代，我国政府领导人就已提出不能再走西方的这条老路。作者自 1998 年上任后也在不同场合宣传、说明和强调这一理念。对于不同地区，根据不同要求采用适宜技术治理污染；应高度重视突发重大水污染事件应急处理的有效技术开发。

不停地新建和扩建污水处理厂的指导思想是"先污染，后治理"思想的集中反映，是较严重的误区。首先，认识到建厂处理污水减轻污水对人的危害本是好事，但建污水处理厂是不得已而为之。因此，绝不能走西方"先污染，后治理"的老路。

在治理污染时，化学污染要化学还原，生物污染要生物还原，但目前治污主要还是通过物理方法，因此，污染是难以真正、彻底治理的。如在伦敦的泰晤士河、巴黎的塞纳河和德国的莱茵河下游河段，以英国、法国和德国这样雄厚的财力和先进的技术治理了30多年，至今本底污染仍未解决，三河的城市段河水基本上是劣Ⅲ类，至今鲜见有鱼。可见"先污染，后治理"在很大程度上是亡羊补牢。

4. 过去忽视的地下水环境治理已是当务之急，应给予特别重视

我们说的淡水生态系统包括地表水、大气水、土壤水、雪山水和地下水。我国地下水资源量占水资源总量的近30％，由于地表水的短缺，地下水，甚至深层地下水已经成为重要的水资源，以北京为例，地下水用量占总供水的54％。因此，解决地下水环境的工程问题是当务之急。

据2012年国土资源部监测，有近六成的地下水水质为差（Ⅴ类），16.8％为极差（劣Ⅴ类），已不能利用，而且总体趋势变差，形势十分严峻。同时，多地发生地面沉降问题，因此地下水环境的治理已迫在眉睫。在治理中，不熟悉的要学，学了还要实做。

5. 要按中央水利工作会议肯定的"水功能区"治理水环境

真正实施水环境治理，既不可能，也无必要把所有水域都治理

到Ⅲ类以内，因此必须把水域分成饮用水源地、生活、生产、航运和景观等多个功能区，在不同区域对水有不同级别的要求。

把水环境系统分成不同功能的子系统，是系统论在水环境工程科学中的创新应用，以"水功能区限制纳污"为指导来布局全国的水环境工程。以上观念 10 年来在基础研究界未予重视，制定了许多"规划"都未贯彻这一思想，是我国不少地方水环境继续恶化的重要原因。今天，各界应按中央要求立即行动，马上进行我国水环境治理工程的科学布局，根据水功能区划分，分类、分批进行。

水环境治理规划应全面分析地表水、土壤水、再生水和地下水，构成由节水工程、水资源保护工程、污水处理工程、再生水回用工程和地下水回灌工程组成的系统工程，要因地制宜，不能单打一地靠不断增建污水处理厂。

水环境治理的技术误区在哪里？
——处理好排污和治污的关系：适宜技术

1990 年初作者访问柏林（当时是西柏林），副市长陪同参观污水处理厂，他自己先喝了一杯处理后的再生水，然后请作者喝了一杯，再生水洁净透明，没有气味，毫无沉淀物。他说："我们现在的污水处理技术可以达到饮用的程度，柏林的自来水（可直饮）有 1/4～1/3 掺入了这种再生水，这在 10 年前已经做到了，而且在经济上完全可以承受。" 20 世纪 70 年代末，柏林的人均 GDP 与现在的北京相近，从这一点可以看出我们与德国在污水处理技术上的巨大差距。

在 2000 年荷兰海牙召开的第二届水论坛部长级会议上，一位法国水环境专家勇敢地一语道破污水处理技术的真谛，他说："污水处理技术是一种比较特殊的技术，无论从理论上还是从技术上来说，其'高技术'人人皆知，就是把污水加热后得到蒸馏水，可以饮用。但是，成本太高，无人能用。所以说，污水处理技术最根本的是'性价比'，'性价比'低，所谓的'高技术'是没有意义的。"作者十分认同这一观点，认为污水处理技术应该以此为原则进行发展。

水环境治理技术应该按照上述的指导思想，于下述领域，在以前的基础上大力开发，让人民喝上好水。

1. 按中央水利工作会议肯定的"水功能区"原则开发适宜水环境技术

水环境治理技术应以开发针对不同水功能区的适宜技术为主，技术开发应把主要精力放在开发和推广不同地区的不同类型水功能区的适宜技术上，而不仅仅是为了争取获奖而开发应用范围有限的高技术，应以适宜技术来改变我国治污设备半开半停的怪现象。在发达国家中，以市场为"裁判"，那些不能转化为适用技术的应用研究成果是没有价值的，所以，必须在不同类型水功能区开发不同的适宜技术。有关部门不仅应科学认证适宜新技术并鼓励推广，还应展开调查，逐步更替不适宜的技术。

2. 尽快开发十分薄弱的内源污染治理技术

水环境污染以污染来源分类，可以分为点源污染、面源污染和内源污染三大类。点源污染主要指工矿企业和城镇等大中型居民点排出的废污水。面源污染指广大农村地区的村居民点，以及日益增多的乡村企业、养殖场和农田排出的废污水。内源污染指江、河、湖和水库污染积累后内部产生的二次污染，又称本底污染。

国际经验证明，内源污染是最难处理的。作者系统地考察过欧洲的莱茵河和易北河，德国的莱茵河自 20 世纪 50 年代末、易北河自 20 世纪 80 年代开始治理，到 21 世纪初已经治理了 30～50 年，基本没有未经处理的污水排放。但莱茵河多数河段的水质仍在劣 Ⅲ 类以至 Ⅳ 类，原因就是内源污染极难治理；易北河水可以达到 Ⅲ 类，原因就是对内源污染治理动手较早。

我国的许多饮用水源地是水库，如北京的密云水库。目前许多饮用水源地水库都存在不同程度的污染。因此，为了人民的健康应着力开发这项技术。

有认识误区以为我国目前还不到内源治理的阶段，实际上我国 2010 年的人均 GDP 已达到 4 400 美元，即德国 1951 年的水平，而德国当时已开始治理了。目前我国内源污染治理技术十分薄弱，因此应该借鉴国际经验，从现在就开始大力开展水域内源污染的技术研究。

3. 大力加强地下水污染治理技术开发

地下水污染几乎关乎所有人的健康，我国大部分城市（包括许多南方丰水地区的城市）自来水的原水都取自地下水。但是近年来对地下水的污染才有了深刻认识，因此地下水污染治理技术的开发还处于起步阶段，必须尽快开发。

目前我国不少地方，尤其是北方，过度抽取地下水十分严重，同时地表排污渗漏，都严重影响了地下水的水质，产生了严重的水环境问题，但是地下水监测技术、地下水回补技术和地下水除污技术等水环境技术严重滞后，亟待开发。

我国是地下水污染最严重的国家之一，在历史上发达国家的地下水就处于轻度污染状态，因此，地下水污染治理技术很少能从国外引入和借鉴。同时地下水在地下，治理难度比内源污染还大，所以开发必须有较大投入，而且要在项目拨款后建立责任制。

大量污水处理厂是不是半开半停？
——不能只建不管

早在 12 年前，当作者在任时，国务院主要领导就曾专门问作者："大量污水处理厂是不是半开半停？"作者回答："是。少开多停的也不少。"原因是政府只建不管，或没有管好，设计专家只管"设计"，不管运行，技术选择只求"高"，不管实用，把政府、专家的作用与市场的作用割裂开来，甚至对立起来。"要通盘考虑重大水利工程建设；论证重大工程要把握好大的原则，就是确有需要、生态安全、可以持续，不能为了建工程而建工程，要兼顾各种关系。"

1. 污水处理厂半开半停的原因

当时作者就具体地分析了原因：

① 污水处理厂是事业单位，国家投资建成后没有运行经费，有的厂连支付工资都捉襟见肘。处理污水要用电、用制剂，还要检测，多处理 1 吨污水，就多花 1 吨的钱，而这笔钱没有来源。

② 设计没按水功能区划，不能做到根据需求达到不同的标准，而是都按统一标准处理，这样不符合实际情况。

③ 没有适用技术提供给污水处理厂，从而使处理成本过高，污

水处理厂负担不起。

④ 污水处理厂规划不系统，建设布局不合理，污水管网建设不足或不合理，致使污水收集不起来。

⑤ 污水处理费太低，应实行费改税。

作者也提出了具体的解决办法，就是使污水处理产业化、市场化，使污水资源化。但是问题至今没有得到有效的解决，造成《99％覆盖率还污水照流》成为《新华社每日电讯》报道的标题。住房城乡建设部通报了全国城镇污水处理设施的情况：截至 2013 年底，全国已有 651 个城市建有污水处理厂，占城市总数的 99.1％，累计建成污水处理厂 1 999 座。

2. 乡镇污水处理设施开少停多的现状

（1）缴不起电费

2009 年 11 月建成运行的丹江口市六里坪镇污水处理厂工程，在 4 年多时间内，因为缴不起电费，接连出现停运风波。企业负责人说："为了缴电费让设备转起来，我们到处东拼西凑。"

湖北省房县大木厂镇的污水处理厂情况更严重。从 2010 年 3 月竣工后，该项目一直处于间歇性运行状态。据十堰市提供的数据，近 3 年来，这个设计日处理能力 2 000 吨的污水处理厂日平均处理污水量仅有 94 吨。

作为洪湖市最大的乡镇污水处理厂，峰口镇污水处理厂的设计能力为日处理污水 3 000 吨，但投用逾 1 年半，该厂仍然只能半负荷运转。厂区管理员说："3 天才能收集到 1 天的运转污水量。"

据湖北省住建厅提供的数据资料显示，目前全省共有 50 座乡镇生活污水处理厂，规模多在 1 000～5 000 吨/日。但仅有 8 座正常运行，有 30 座时开时停，12 座基本闲置。在 8 座正常运行的乡镇污水处理厂中，运转负荷率最高的也只达到 75%，50% 以下的占到了一半。

河南省 2013 年 12 月发布的 2011—2012 年度农村环境连片综合整治资金审计结果显示，在抽查的 2011 年已完工的 248 套污水处理系统中，103 套闲置，139 套不能正常运行，能正常运行的只有 6 套。

（2）超负荷造成污水直排

从 2012 年开始，昆明市民曾多次反映昆明市第三污水处理厂疑似直排污水进入滇河道，经常看见滚滚的黑色污水顺着运粮河直接流入滇池。当拨打市长热线反映问题后，得到回复是：相关部门也知道这个事情，但昆明市第三污水处理厂处理不完那么多污水，要等其他污水处理厂建好后才能解决这个问题。

有记者查访时看到，在本应紧闭的污水入口阀门下，一股水量极大的污水由阀门流出，浑浊发臭的污水顺着运粮河前行，运粮河河岸均为黑褐色。距离阀门不远处，污水处理厂排出的水则相对清澈。

在接受媒体采访时，昆明市滇池管理综合行政执法总队办公室负责人说：“每天流经运粮河的污水有 68 万立方米，而该污水处理厂每天最大的处理能力仅为 21 万立方米，处理不完的污水都要流入滇池。”

出现这样的问题有污水处理厂的规划、管网设计和处理能力等多方面的原因，许多污水处理厂也存在类似昆明第三污水处理厂这种“处理不了”的情况。记者了解到，由于城市快速扩张，2013 年合肥城区污水处理厂的日均运行负荷率达到了 102.1%。

在武汉市白沙洲自来水厂上游的二级保护区范围内，由于污水处理厂的配套管网建设没跟上，部分城市污水得不到有效收集和处理，直接排进了江河。

（3）有的处理厂不达标运行，反成污染源

2014 年 3 月，安徽省环保厅对淮南首创水务有限公司八分山污水处理厂因环境违法进行了挂牌督办。这座污水处理厂 2008 年 8 月建成，一直未通过竣工环保验收。省环境监督局的相关工作人员在检查时发现，该厂的消毒设施并未运行，排口取样检测结果显示，该处理厂排水中的氨氮为 11.4 毫克/升，超标 0.425 倍，粪大肠菌群大于 24 000 个/升，超标 23 倍以上。

江苏省环保厅发布的江苏省国控重点污染源监督性检测超标企业名单显示，2013 年第三季度，在 56 家超标排放企业中，污水处理厂有 40 家，占比高达 71.43%。2013 年 6 月，陕西省通报了城镇生活污水处理厂专项执法检查结果，全省 105 家污水处理厂，现场取样送检结果显示超标排污的有 57 家，占 54%。

今天的情况让人痛心，除了前面分析的原因外，现在又出现了 2006 年的排放标准高于当年的设计要求等新原因。但总体来看都可以按照前面提出的办法解决，只要污水处理厂实现盈利，就有可能提高处理标准。

所以污水处理厂从建设规划到技术采用，再到运行机制都不能只建不管，水环境专家谈"循环经济"，就应该学习经济理论，按经济规律办事，把它落到实处。

对水环境产业来说什么是循环经济？
—— "循环经济"不是口号

目前，水环境治理界对"循环经济"的宣传是有作用的，但首先还要研究什么是循环经济。

1. "清洁生产"的创意者说："清洁生产还不能成为循环经济"

目前在水环境问题上颇多谈到循环经济。什么是循环经济呢？国内讲"循环经济"应该是"循环经济学"的含义。如果不是发明自创，还是应该溯本求源。我们谈的"循环经济"是由联合国环境署工业发展局局长拉德瑞尔女士（J. A. de. Larderel）创意的，她是一个十分深入实际的专家，20世纪70年代在当时联合国系统务实、创新的氛围下，她自己深入工厂考察，收集国际大公司的资料，其中以美国福特汽车公司的为主，从"节约资源，保护环境"来研究分析工业生产。其中水的利用对她启发很大，提出了"清洁生产的理念"，并把它总结为3R，即Reduce（减量化）、Reuse（再利用）和Recycle（再循环）的生产理念，这的确是一大理论发现，推动了发达国家的后工业化向"清洁生产"的方向发展，实践了节约资源和保护环境，对发达国家解决资源短缺和环境污染起到了重要作用，其功绩应载入史册。

20世纪90年代初作者在联合国教科文组织科技部门任顾问，与拉德瑞尔女士算是跨国际组织的同事（联合国环境署的工业发展局与总部不在一起，设在巴黎），彼此有来往，几次谈到了"循环经济"，她说："我创意的概念是'清洁生产'，不是'循环经济学'（实际上也没有Recycle Economics这个词），我不是研究经济的。"作者很为她坦诚的科学态度所折服。1997年作者在肯尼亚内罗毕的联合国环境规划署会见了执行主任（第一把手）E·道德斯维尔女士，她也肯定了这种说法。2001年作者在英国的布赖顿的苏赛克斯大学会见了父亲留学时的同学——"国家创新体系"的首创人、世界著名经济学家弗里曼教授，他热情鼓励我创立循环经济学，我在 2005 年出版了《新循环经济学》。当然，必须承认，"生产"是经济的最主要内容，是经济学的基础。

在科学意义上，循环经济学与"清洁生产"有什么不同呢？

① 作为经济学必须考虑经济成本，即不同国家实行循环经济必须考虑国家的经济发展程度、财力、技术和企业的承受能力，而不能把"清洁"与生产对立起来。

② "循环经济"的提倡者必须以科学的态度做实事，研究"绿色成本"，以理服人，说服政府修正投入产出的统计指标体系，否则"循环经济"必然是只喊不做。

③ 作者的《新循环经济学》在上述两方面做了粗浅的工作，而且对原 3R 有所发展，即最大的"减量化"在人心里，要减少过度需求，不要无度挥霍自然资源；最大的"再利用"是利用可再生资源；最大的"再循环"是建立循环的产业体系。此外，又加上了两个"R"，即"Rethink"（对传统经济学的再思考）和"Repair"（修复生态系统）。以上发展得到了国际上的高度认可，在"世界思想者论坛"（2005，阿联酋阿布扎比）及 2007 年和 2008 年北京诺贝尔奖获得者论坛上，前后有 20 多位诺贝尔奖获得者对这项在知识经济学大框架中的创新予以了充分的肯定。意大利波伦亚大学出版社全文出版了作者的《循环经济》英文版，这是我国经济学家在国外全文出版专著的第四本。

2. 循环水产业体系

在"新循环经济学"指导下，按照《21 世纪初期首都水资源可持续利用规划（2001—2005）》，在历届北京水务局的努力下，

2005 年北京第一次利用再生水就达 2.5 亿立方米，以后年年递增；到 2010 年利用 6.8 亿立方米，占当年北京总供水量的 19%，占全国再生水利用量的 80%；到 2012 年已达 7.5 亿立方米，占北京市总用水量的 21%。

在传统产业实施循环经济改造的同时，还要建立新兴循环经济产业，让公众看到实实在在的东西。建立水循环产业是搭建自然水与用户之间的产业循环链，整个循环从自然水开始，经过原水生产、自来水厂生产和自来水供应而到达用户，再由用户经过排水、中水生产、再生水回用返回到自然水，完成一个循环过程。这样由生产原水的经营性水库、自来水厂、供水公司、排水公司、污水处理厂和再生水回用公司共同构成了一个封闭的产业链，实现了水资源的循环利用，提高了水的利用效率，如图 4-1 所示。

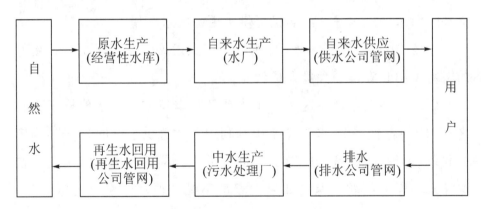

图 4-1 循环水产业体系图

在这一循环水产业中，以水价为杠杆，将原为事业单位的水库改制为市场准入、国家控股的经营性公司，保质保量、优质优价地向自来水厂卖水；市场准入、国家控股的自来水公司制水，优质优价地卖水给市政供水公司；供水公司再卖给用户，因此自然会修补、改造目前漏失率普遍高于 15％的输水管网；通过政府导向扶持节水器具公司的产品进入千家万户，在不断调整合理水价的同时大力宣传节水；市政排水公司要进行改造、修建管网，尽可能收集废污水和雨洪，卖给污水处理厂；把现为事业单位的污水处理厂改为经营型，由它把达标处理的污水卖给再生水回用公司；再生水回用公司进行输水管网建设，将再生水卖给用户，成为新水源，从而完成这一产业循环。

这一构成循环的水产业突出地显示了循环经济产业的好处：

① 保证了缺水地区居民的自来水供应，并提高了水质，符合以人为本的循环经济发展的基本原则，至于提价带来的问题可以随着收入的提高和采取特殊补贴的办法解决。

② 节约了水资源，保证了水资源的可持续利用，减少了污水，提高了污水处理水平，给居民提供了更好的水环境。

③ 建成了水循环企业，使水经济得到发展，创造了更多、更好的财富，同时安排了大量人员就业。

以北京为例，现在这一产业体系已基本建成，中水价格仅为自来水的 1/4，使得 2013 年全市中水利用已达总供水量的 21％，为解决北京水资源的供需矛盾做出了重大贡献。尽管再生水回用还存在这样或那样的问题，但是如果大家都不喊"循环经济"的空口号，并逐一解决这些实际问题，北京的水环境还会治不好吗（再生水主要用于环境用水）？

如何在短期内圆中国人民的"绿水青山梦"？

十八届三中全会《决定》指出"推进国家治理体系和治理能力

的现代化。"水环境治理要有理论创新，进行宏观的顶层设计，制定科学的总体规划、清晰的路线图和可行的时间表，建立切实的责任制。

1. 宏观总量控制的顶层设计

要实行我国水域纳污的总量控制，以 2009 年我国水资源状况和废污水排放总量 798 亿吨为基准。按联合国地表水域达标排放废污水 1/40 的自净比计算，目前我国每年与自净能力相比多排放了 220 亿吨废污水，需要通过各种类型的有效水环境工程对 440 亿吨废污水进行一级处理（处理后的污净比可达 1/20）后排放，划出"生态红线"，实行水环境排污治污工程的科学布局。只要到 2020 年通过节水将用水总量限制在 6 700 亿立方米以下，就能达到水环境根本好转的目标。

2. 科学的总体规划

各城市按水功能区划分解指标，制定科学的总体规划，分区、分类、分级、分批和分期按照"节水为主"的原则制定水环境治理总体规划。制定时应注意：

① 进行经济、社会和生态的大系统分析，综合治理，不能顾此失彼。应按照一节（节水）、二保（保护水资源）、三管（统一管理）、四调（调整产业结构与种植结构）、五治（达标排放、建污水处理厂）、六水价（建立合理的水价机制）、七再生（再生水回用）、八调水（跨流域调水）、九循环水产业链（建立北京循环水产业工程）的原则制定规划。

制定总体规划一定要进行多学科综合研究，明确系统论和协同论的指导思想，缺什么、补什么，务求实效。

② 水环境治理规划的系统平衡。水环境治理规划应全面分析地表水、土壤水、再生水和地下水，构成由节水工程、水资源保护工程、污水处理工程、再生水回用工程和地下水回灌工程组成的系统工程，要因地制宜，不能单打一地靠不断增建污水处理厂来治理。

一定要正视污水处理厂占地、耗财，同时放出大量 CO_2 的基本事实，不能空谈"循环经济"，专家要学习经济理论，促进形成社会主义市场经济条件下污水处理厂的运行机制。

③ 制定总体规划时应尽可能防止重复编制的现象，更应杜绝抄袭（与已有规划 1/4 以上的相同度）等学术不端行为。彻查、严惩一再出现的环境科研腐败。

污水处理的高技术在国际上已是成熟技术，因此在评奖时一定要了解国际专利，杜绝伪报。

④ 规划实效的评定者当然是人民或代表人民的政府，而不仅仅是专家同行。不能既当运动员，又当裁判员，应借鉴国际通行做法，评审委员会由专家（与项目近缘与远缘的各占 1/2）、公众代表和政府官员各占 1/3 组成。

在这里有一个误区必须走出，即有人强调"水环境是否治理好，专家说了才算数"。作者在联合国系统工作多年，连西方科学家也会对这种说法惊疑，当然是人民说了算数，在人民难以判定的情况下，由人民选出的政府判定，"以民为本"不容曲解。水环境好坏，人民是完全可以判定的。

3. 改革、创新管理与技术路线图

宜成立水资源综合管理机构，充分发挥政府的作用。在管理上，要部门协调，不能九龙治水；在思路上，应多维考虑，不能单打一。水环境工程应从由单项技术拉动转变为由系统工程推动；从由土木工程理论拉动转变为由生态系统理论推动；从由单一学科拉动转变为由多学科综合研究推动。

"先污染，后治理"是落后的技术路线；对不同地区，根据不同要求采用适宜技术；同时，要高度重视突发重大水污染事件应急处理的有效技术开发。

4. 建立水环境损害责任终身追究制

这其中既包括突发事件，也包括在一定时期内的积累（这种对人民危害极大）；既包括管理者，也包括规划和方案的制定者和审查者（要建立签字制度），这些都要终身追责。

政府的责任是决策和监督，如果提出的是错误的方案，提出者当然要负责，这是法理，正像行贿者也犯法一样。

5. 发挥市场在资源配置上的决定性作用，建立循环水产业体系

催生水资源保护（尤其是饮用水源地）—节约用水（包括工农业、生活用水和输水）—污水处理（不同区级采用不同技术）—再生水回用—地下水回补—城市水系建设的新产业体系，促进经济转型。

在作者的提倡和北京水务局十多年的努力下，北京已经构成了这样的循环水产业体系，使得再生水利用占到总用水的 20%，有效地维系了北京水资源的供需平衡，值得借鉴。

6. 还人民"饮甘泉，临绿水青山"梦的时间表

到 2020 年保证城镇水供应，基本遏制水环境恶化。到 2025 年在主要城市建成水系，使我国水环境有较大改善。到 2030 年达到德国、英国和法国在 20 世纪 50—80 年代的饮用水最高标准，以及城市水系良好、水环境宜居的水平，让革命前辈看天堂水不用去外国是完全可能的。要借新型城镇化的历史机遇，成就中国人民"喝好水、用好水、临好水"的千古梦想。

现在国家高度重视，又决定投入 2 万亿元治理水环境，水环境工作者要走出误区，上科学轨道，对历史负责，对人民负责；应定出硬性指标，如果 3~5 年后仍不能有明显的效果，则辜负了公众的期望。

如何进行水生态修复

作者提出了"生态水"的新理念。水生态修复的第一任务就是根据水功能区划的不同，使生态系统保持足够质和量的水——"生态水"。除江河湖库和湿地外，陆地水生态系统良好的第一标准就是要能维系足够浅的地下水埋深。

能建成"人工生态系统"吗？
——不科学的修复最终造成生态的系统性破坏

工业革命后，西方对于经济发展的基本理念是尽全力开发，最大限度地利用自然资源来制造产品，以满足人们几乎是无止境的物质需求（许多是不必要的）。人们想"制造一切"，但是当看到资源短缺、环境污染、生态系统遭到破坏后，又开始要制造"人工生态系统"。

1. 美国的人工生物圈实验

人造生态系统有一个教训可以鉴证，这就是在科技最为发达的美国的"生物圈2号"（Biosphere 2）实验。1991年，美国科学家进行了一个耗资巨大、规模空前的"生物圈2号"实验。所谓"生物圈2号"是一个巨大的全封闭的玻璃人造生态系统，位于美国荒凉的亚利桑那州的奥拉克尔（Oracle），建设共耗资2亿美元。底面积为1.28公顷，大约有两个足球场大小。从外观看，是一个巨大的玻璃球体，这个封闭的生态系统尽可能模拟自然生态，有土壤、水、空气和动植物，甚至还有小树林、小湖、小河和模拟海。1991年，8个人被送进"生物圈2号"，本来预期他们将与世隔绝2年，可以靠吃自己生产的粮食，呼吸植物释放的氧气，饮用生态系统自然净化的水，在固定数量的空气、水和营养物质的循环反复利用下，像在地球上那样生存。

但是，试验开始18个月之后，"生物圈2号"系统严重失去平衡：氧气浓度从21％降到14％，不足以维持研究人员的生命，补充输氧也无济于事；二氧化碳和氮氧化合物的含量都急剧上升，无法模拟碳循环过程；原有的25种小动物，19种灭绝；为植物传播花粉的昆虫全部死亡，植物也无法繁殖；农产品产量大幅下降，无法模拟生态循环。

事后的研究发现：细菌在分解土壤中的大量有机物质的过程中耗费了大量的氧气，首先失去了氧平衡；而细菌释放出的二氧化碳经过化学作用，被"生物圈2号"的混凝土墙吸收，又打破了碳循环。

"生物圈2号"计划设计得巧夺天工，结果却一败涂地，说明人类关于生态系统的知识还实在太少，不论花多大代价，也不论采用当前拥有的何等复杂、先进的技术都不足以建立哪怕是实验的"人造生态系统"。其后，美国科学家总结经验继续了这一实验，但直至2000年作者到亚利桑那州时仍没有取得突破性的进展，时至今日也没有见到成功的报道。

2. 不科学的生态修复，"很容易顾此失彼，最终造成生态的系统性破坏"

非但主观臆造的人工生态系统不能成功，单打一的"生态修复"也"很容易顾此失彼，最终造成生态的系统性破坏"。

无科学根据地批准开荒，扩大农业用地而又没有足够的水对新耕地灌溉，以至在山上截流修水库，导致大片砍伐森林造成水土流失，从而形成恶性循环，造成对生态的系统性破坏。

不尊重自然规律的生态修复就会有同样的问题。如不根据水资源条件盲目造林，因幼林大量吸水，降低了河流径流量，影响了农田灌溉；而且种的都是单一树种，在许多情况下，树的顺根反而加剧了水土流失，使得人工林难以成活或长成小老树林，同样也对生态造成系统性的破坏。

3. "炸开喜马拉雅山"增加降雨

对广义的水资源调配，有人提出了许多不切实际的建议，如"引渤入疆"等。这里仅举一个例子，如"炸开喜马拉雅山"让水汽北上。人们对水资源短缺的忧虑可以理解，但建议应该形成正式的方案，并经过科学论证；否则随便说说会分散人们脚踏实地地解决水问题的注意力。

现仅就最离奇的"把喜马拉雅山炸开一个缺口，让印度洋的水汽进入，从而改变青藏高原和西北地区的面貌"的建议做一简单的科学分析。首先，青藏高原之所以成为荒原，有两个原因，一个是高寒，另一个是缺水，第一个是主要原因，至于水汽能否达到我国西北，应该进行科学计算。其次，无放射性污染的氢核武器，其主要威力在于热辐射和冲击波，而爆破能力并不强，其能否强大到可以炸喜马拉雅山的程度，也要进行科学论证。再次，假设喜马拉雅山被炸开，水汽可以到达青藏高原及更远的地方，但必须注意到，在世界的北纬 20°～30°一线，从非洲的撒哈拉到美洲的秘鲁高原都是荒漠地带，唯有我国的湖南、广东和福建例外，这正是由于喜马拉雅山挡住了印度洋的水汽而把降雨叠加在我国的湖南、广东和福建。最后，炸喜马拉雅山是对现有生态系统的大扰动，其生态和国际问题是非常复杂的。

修复水生态系统能够靠建模计算吗？
——山水林田湖是一个生命共同体

习近平总书记在十八届三中全会的《决定》中对如何修复生态系统做了一个非常科学和高度概括的说明："我们要认识到，山水林田湖是一个生命共同体，人的命脉在田，田的命脉在水，水的命脉在山，山的命脉在土，土的命脉在树。用途管制和生态修复必须遵循自然规律，如果种树的只管种树、治水的只管治水、护田的单纯护田，很容易顾此失彼，最终造成生态的系统性破坏。由一个部门负责领土范围内所有国土空间用途管制职责，对山水林田湖进行统一保护、统一修复是十分必要的。"以上内容应该引起每个生态修复工作者的高度重视，并认真学习。

那么如何科学地修复生态系统呢？目前只有两种方法：

一是不能主观臆想、凭空规划，要追溯生态历史，要知道历史上较好的生态系统是什么样的。虽然不可能恢复原生态，因为人要生活；但可以把现有的人工生态系统在自然生态系统的承载力之内尽可能和谐地叠加上去。如果哪里出了问题就修复哪里，不了解原有较好的生态系统，就不可能科学地修复。

二是不能闭门造车，囿于经验。而应与地球上纬度和地貌相近的较好的生态系统进行比较。

1. 生态系统属于钱学森先生提出的非平衡态复杂巨系统

对非平衡态复杂巨系统来说，生态系统研究存在误区，如图 5-1 所示。

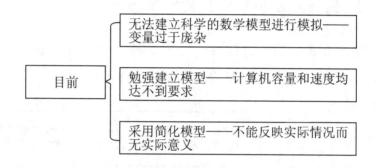

图 5-1　生态系统研究误区图

我们可以看到，对于非平衡态复杂巨系统，由于变量过于庞杂，因此无法建立科学的数学模型进行模拟，如果勉强建立模型，则计算机的容量和速度也达不到要求，同时，过于简化的模型也不能反映实际情况。所以数学建模和计算运作不能成为生态建设的重要依据。因此，科学的生态建设必须依据现有标准制定生态红线，按山林、草地、河流、湖泊、田园等生态子系统追溯本地生态历史，同时还要借鉴国际同类良好的生态系统。

2. 纯人造生态系统实验至今未成功，而且不再实验

建设理想的人工生态系统是科学家美好的愿望，但是，至今世界上尚未建成自我维持的人工生态系统，如在上一个问题中引用的美国"生物圈 2 号"（Biosphere 2）实验，从而使生态工程界已认可目前不能建造纯人工生态系统（外界无输入），因而至今尚未再进行大规模实验。

3. 生态建设顶层设计的科学方法

生态建设顶层设计的科学方法如图 5 - 2 所示，该方法不仅符合生态学原理，而且被欧洲的生态修复实践所证明。

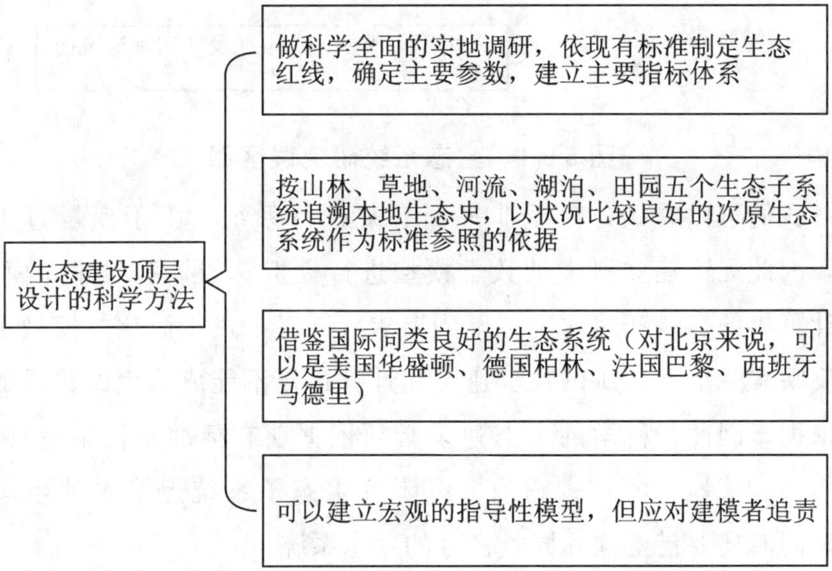

图 5 - 2　生态建设顶层设计的科学方法示意图

生态建设顶层设计的科学方法

- 做科学全面的实地调研，依现有标准制定生态红线，确定主要参数，建立主要指标体系
- 按山林、草地、河流、湖泊、田园五个生态子系统追溯本地生态史，以状况比较良好的次原生态系统作为标准参照的依据
- 借鉴国际同类良好的生态系统（对北京来说，可以是美国华盛顿、德国柏林、法国巴黎、西班牙马德里）
- 可以建立宏观的指导性模型，但应对建模者追责

4. 生态修复科学方法的创新已在国内外得到广泛认同

1999 年 4 月 9 日，朱镕基总理和时任美国副总统的戈尔出席开幕式的"第二届中美环境与发展论坛"在华盛顿美国国务院召开，作者以《为中国的可持续发展提供水资源保障》为题做首席发言，首次在国际社会上表述了科学生态修复理论的创新，并提出"如果美国在华盛顿地区的生态修复有数学模型，愿意留下来探讨"。作者的观点得到在座美国官员和科学家的认同与赞赏，美国海洋与气象局局长在作者发言后离席上前祝贺。

5. 追溯地域生态史的意义

对于地球或者区域生态修复而言，不了解当地的历史和现实的生态实际，就谈不上遵循自然规律，更谈不上真正科学的生态保护与修复。

作为中华人民共和国的首都和对外展示形象的基地，北京的生态保护和修复不仅关系到北京城市的可持续发展，而且在全国生态保护和修复方面具有示范意义。

唯有了解北京生态的历史，才能为北京的生态修复找到科学的道路，这是落实科学发展观和党的十八届三中全会关于生态文明建设精神的实际举措。

6. 借鉴国际上较好的同类生态系统

科学的生态建设的另一个行之有效的方法是借鉴国际上较好的同类生态系统。那么什么是同类生态系统呢？一般需具备以下基本条件：

　　① 基本在同一纬度，从而年平均温度差别不大；

　　② 降雨量差别不大，以保证水生态系统相似；

　　③ 平均海拔高度近似，作为保证温湿度的补充；

　　④ 土质等其他条件类似；

　　⑤ 中心是现代化的国际大都市，人口密度相近。

在以上 5 个基本条件相似的情况下，不同地区的原始生态系统应该是近似的，这些地区现有的生态系统就应该作为我们进行生态建设的重要参照。

您知道北京的水乡生态史吗？
——与张光斗先生的探讨

自 1998 年作者调查研究准备制定《21 世纪初期首都水资源可持续利用规划（2001—2005）》以来，对北京水资源的历史研究已有 16 年之久，跑遍了北京古今的河流与湿地。北京的水历史是北京今天修复水系和水生态系统的重要科学依据，15 世纪初明成祖朱棣为了兴建北京城而造成北京地域的森林和水受到较大破坏之前的北京城，可以作为修复的次原生态基准来参照。

1. 与水利泰斗张光斗先生谈北京水史，使南水北调进入具体规划阶段

1999 年，作者的《为中国的可持续发展提供水资源保障》报告在 4 月 4 日经温家宝副总理做出批示"此文可以适当形式摘发各地各部门参阅……加深对国情的认识，增强实施可持续发展战略的自

觉性"（前已全文引用）后，张光斗先生给作者写信道："季松同志，大作拜读，学到了许多新观点。但也有几点值得商榷，希有空前来探讨。"作者很快就去了张先生在清华工字厅的办公室。

张先生开门见山地说："北京历史上不缺水，历朝历代都不缺水。你说北京要从外流域调水，应该再考虑。过去水利界已有共识，节水就可以解决问题。"作者说："张先生，您的文章我都看了。北京历史上的确不缺水，年水资源总量平均为 26 亿立方米（至1998 年）。但是在 1949 年以前，北京地域最多只有 220 万人口，人均年水资源量为 1 180 立方米，不到严重缺水的程度，完全可以通过节水来解决。但是，现在人口已增加到 1 400 万，而人均水资源量只有 186 立方米，已变成极度缺水了。节水不解近渴，目前只有向外调人和向内调水两个解决办法。但是您说得对，跨流域调水的确不是解决问题的根本办法，不能依赖调水，只是有限调水 10 亿立方米应急。"最后与张先生取得了共识。临走时张先生强调："跨流域调水不是解决问题的根本办法，一定要有限调水，第一位还是节水。"自此张先生首次支持了对北京的跨流域调水。在南水北调提出半个世纪之后才真正进入了具体规划阶段。张先生已成故人，但他的指导恍如昨日。

2. 北京失去了历史上的玉泉水系

6 个世纪以来，北京的河流水系变化不太大，原有六大水系，现在仅存五大水系，从东到西为蓟河水系、潮白河水系、北运（温榆）河水系、永定河水系和拒马河水系，五大水系的干流都由西北向东南，跨度约为 100 公里，占北京市面积的 90%。

但是，15 世纪初以前，除了京杭大运河和郭守敬在 13 世纪末建的一些水利工程外，北京的河流基本上是原生态的健康河流，水量充沛，夏江水满的景象到处呈现。但流量的季节差别很大，外族入侵和水灾仍是京城的主要威胁。从对植被的文字记载看，当年的河流径流量远大于目前所有的监测数字（新中国成立后才开始监测）。

蓟河水系主要在平谷的泃河和错河，流域 1 224 平方公里，占北京面积的 7.5%，泃河源自天津蓟县和河北兴隆，京内长度 66 公里，现流量每秒 24.5 立方米，年径流量 7.4 亿立方米，属于中小河流。而两个世纪以前，其水量充沛，应为现在监测数字的 2 倍以上，但今天断流严重。

潮白河水系是北京的主水系，当年是两条河流，分别是源自河北承德的潮河和源自河北赤城的白河，修密云水库后汇为潮白河。流域面积 5 613 平方公里，占北京面积的 34.2%。潮河在京长度 72 公里，流域约 2 000 平方公里。目前白河在京流量约为每秒 9 立方米，潮河为每秒 12 立方米，都已是涓涓细流，且出现断流。而当年潮河应是每秒 20 立方米以上的大河。

北运（温榆）河水系是北京最主要的水系，也是唯一发源于北京的水系。主要包括温榆河、北运河、沙河、清河和通惠河等河流。流域面积 4 293 平方公里，占北京面积的 26.2%，流域人口占北京居住人口的 70%。主河道在通州以上称温榆河，长 90 公里，以下称北运河，是京杭大运河的起点，全长 140 公里。温榆河流量现为每秒 3.56 立方米，北运河流量为每秒 8.1 立方米。虽然今天看到的是涓涓细流，但已是目前北京唯一主河道基本未断流的河流，年径流量仅为 2.5 亿立方米，属于近干涸的小河，而当年还可以行大船运粮。

永定河水系是北京元代以前赖以建城的水系，主干发源于河北张家口，上游称桑干河。永定河在北京境内有清水河、妫水河、团河和凉水河等河流汇入主干，永定河在北京长 187 公里，流域 3 168 平方公里，占北京面积的 19.3％。当年水流汹涌，多次泛滥，名为"无定河"。自 1980 年起全线断流，有水段的流量仅为每秒 0.98 立方米。

拒马河水系在北京房山，主干为拒马河，有大石河等河流汇入，主干在京长度 61 公里，流域 426 平方公里，占北京面积的 2.6％，是北京目前水流最大的河流，至今仍有泛滥洪灾威胁，是北京唯一与历史上差别不太大的河流。

历史上的北京，大河可以行舟，漕运船只从通县可以一直上溯至积水潭，皇帝的御舟也可以从中南海直达玉泉山和北运河。

今天，80 后概念中的"河"就是一条无水的沟，"船"在北京已成为城区游玩的工具，客、货船早已成为逝去的乡愁。

元朝地域广阔，之所以在北京建近百万人口的大都——元大都，是因为有一个就近的水源——玉泉水系，它距元大都的中心仅 10 公里。当年开辟北长河、南长河和金水河经都城引水入太液池（即今北海），不仅成为城市水源，而且构成城市水系。

玉泉山因水得名，玉泉山的泉水在金代已享有盛名，在明代泉水仍旺，出水涌起一尺许，清代也有。估计当年年出水量至少为 1.6 亿立方米，以当年元大都人口 80 万计，即人均 200 立方米/年，是今天北京的人均水资源量的 2 倍，足以供没有工业和洗浴设施的市民生活之用。

据 1928 年和 1934 年的冬季考察，玉泉山诸泉的总出水量仍有 2.01 立方米/秒，即 6 339 立方米/年（其中玉泉出水量最大，为 1.41 立方米/秒），1949 年的总出水量还有 1.54 立方米/秒。由于城市人口快速增加，1951 年 1 月调查的总出水量为 1.0 立方米/秒，1966 年的总出水量为 0.75 立方米/秒，自此出水量逐年迅速减少，到 1975 年 5 月玉泉断流。

玉泉断流的原因有多方面。首先是官厅水库建成后拦蓄了上游来水；其次是永定河上游的来水量也逐年减少；最后，北京地下水开采量逐年增加，地下水位不断降低，造成了玉泉枯干。这样北京不但失去了一个优质的水源，而且失去了一个水系，只剩下五大水系，最终造成北京城区无河少水的局面。城市少了一个水系，就像人被截肢了一样，因此，北京生态建设的重要目标之一就是逐步恢复这一水系。

3. 北京曾是湿地水乡

6 个世纪以来，北京的湿地变化可谓"水翻地覆"。15 世纪初以前的北京曾是水乡，虽然很少有严格意义上的湖泊，但湿地遍布北京地域。京西的万泉庄、巴沟和圆明园一带更是泉源密布、湿地遍布，史称西湖；著名的北京烤鸭所用的鸭子即出自玉泉山下的湿地池塘；京郊一带更是村村有池塘，直到 20 世纪 60 年代，这种境况基本还被较好地保持。

随着城市的建设和地下水位的下降，除了一些著名的湖泊外，大大小小的湿地几乎全部消失。

有据可查的是，在 1860 年北京水生态系统再次遭到大规模破坏以前，北京地域大约有 19 万公顷湿地，约占北京总面积的 11.5%，占平原地区面积的 30% 以上，达到目前世界上湿地生态系统较好国家如美国、巴西和白俄罗斯的水平，这也是历代在北京建都的重要原因。

100年来，北京湿地递减状况如下：1960年为12万公顷，占北京面积的7.3%；1980年减为7.5万公顷，占北京面积的4.6%；到2012年，北京有1 916块湿地，共5.14万公顷，仅占北京面积的3.1%，大大低于6%的世界平均水平，北京已不再是水乡，而与干旱地区为伍了。而且，其中天然湿地仅占46.4%，生态功能大打折扣的人工湿地占到了53.6%；同时，绝大部分湿地的水深低于优良湿地生态系统的国际标准（1.5～3米）。

15世纪初以前，**北京东北郊**有金盏淀（今天的金盏乡）和汉石桥湿地（今天的汉石桥水库），面积均在20平方公里左右。东南的延芳淀（大羊坊）超过200平方公里，有大片芦苇荡，天鹅成群，大雁和野鸭栖息。元朝末年水量减少，分成五六个小湖，至1860年消失。东郊的郊淀（今天的大、小郊亭分在淀的两边）的面积在10平方公里左右。东郊五环以内的水碓湖（今天的水碓子）、麦子淀（今天的麦子店）和将台洼（今天的将台路地区）大大小小的湿地面积都在1公顷至0.5平方公里之间。直到1960年代，笔者去看体育比赛时，在朝外大街至工人体育场之间的小村前都还能看到几亩地的池塘。

南郊则有京郊最大的湿地南海子。在14世纪初，丰台到大兴的水面有210平方公里，水深超过2米，是十分典型和标准的湿地。自辽金时代至明清，这里皆为皇家狩猎场，鸟兽遍布，生态可想而知，不但风景秀丽，而且对调节北京气候起到了重要作用。直至1780年这里还有100平方公里；但到1950年就仅剩7平方公里了，水深1.5米；到1965年更只剩0.6平方公里，水深只有1米。

北郊也是水乡，最大的是现在的奥林匹克公园所在地（原来的洼里乡），面积达10平方公里以上，湿地与湖泊相连，水最深处超过 20 米，湿地和沙底滤水，是清河之所以清的重要原因。至今留下芦村、苇子坑及南、北沙滩等地名。

西郊更是湿地纵横，这也是皇家园林建于西北郊和"京西稻"产于西北郊的原因。中华人民共和国成立前，北京的湿地包括圆明园的福海和颐和园的昆明湖，西起香山、东至海淀、北自昆明湖、南到蓝淀（今天的蓝淀厂），面积亦近 200 平方公里。湿地、湖泊与河流相连，船舶如梭，至今留下北坞、中坞和南坞等地名。

研究北京的水生态史，不仅是要记起我们的乡愁，还要作为我们修复水生态的科学依据。造林不能盲目种，湿地不能无据建，而应依据生态史全面考虑山水林田湖，不能顾此失彼，更不能造成对生态的系统性破坏，要对历史负责，对子孙负责。

地球上有人居住的最好的水生态系统在哪里？
——在苏格兰

地球上无人区的淡水生态系统的水基本都属于Ⅰ～Ⅱ类，是最好的水生态系统。而有正常居民的最好的水生态系统在哪里呢？在英国的苏格兰地区。苏格兰的水 91.7％达到Ⅰ～Ⅱ类。

1985 年作者在我国驻英使馆中遇到老革命、时任全国人大常委会副委员长的廖汉生将军，他说："苏格兰才是真正的绿水青山，你应该去看看。"廖将军生在绿水青山的湘西，走遍祖国千山万水，到过不少国家。作者重视所有实践者的看法。2000 年年初，作者到英国访问时，全面考察了苏格兰的水，苏格兰山清水秀早就闻名于世，不少联合国的高级官员都把退休后在苏格兰买幢房子安度晚年作为自己的心愿。尽管苏格兰的青山绿水历历在目，但当苏格兰环境保护局的同行向我们介绍人口密度为 70 人/平方公里的水体有 91.7％达到Ⅰ～Ⅱ类（即优或良），而没有Ⅴ类水时，还是使我们大吃一惊，这在世界上都是一个奇迹。在已经工业化的苏格兰，如何能使水体的水质达到如此之高的标准呢？

与中国相比，苏格兰确实非常小，人口只有 500 万，总面积约 78 783 平方公里，每平方公里有 70 人，为我国平均数的 1/2，有足够的生态足迹；65％以上为山区，超过 914 米高的山峰就有 280 座，包括英国的最高峰——本尼维斯山，它的高度为 1 344 米。水是苏格兰环境中尤为重要的因子。苏格兰有超过 30 000 个大小湖泊，6 620 多条河流（不包括岛屿中的河流），总河长超过了 48 000 公里。

我国水最好的青海，虽然Ⅰ～Ⅱ类水量也达到 88％，说明了政府的有效努力；但主要在无人区，全省平均人口密度仅为 55 人/平方公里，尚未完成工业化，而Ⅴ类和劣Ⅴ类水量已达 3.4％。

就在水污染普遍严重的华北平原，河南鹤壁市的淇河在人口密度高达 600 人/平方公里的 1 000 平方公里流域内，居然保持了 90％以上的Ⅰ～Ⅱ类水质，说明在我国的人口密集区，只要政府重视、方法科学，也能保住和修复健康水域。

在如此复杂的河湖情况下，苏格兰的水环境保护为什么还如此成功呢？第一，水环境保护或改善的标准看似不高，但非常切合实际，使之保证能够达到。比如，在苏格兰三个污染较严重的湖泊中，苏格兰环境保护局决定，从 2000 年到 2005 年改善一个污染湖泊的水质。目标的确定既符合湖泊自然净化改善的客观规律，又能够在州政府的财力支撑范围内完成。第二，苏格兰环境保护局保护水环境值得我们借鉴的地方是，除了点源外，还对来自面源和地下的水污染源进行深入细致的调查。这些调查项目明确和具体，易于操作。比如对苏格兰废旧矿井对地表水和地下水水质影响的调查；对农村牧场污水的调查，同时还分析了农村牧场废水难以得到彻底治理的原因。

苏格兰环境保护局还对改善水环境提出了几项基本原则：

① 与有关机构协调合作，统一建立一个相互协调的、符合社会和经济需要的、改善环境的目标。

② 环保局对污染问题和环境危害逐一排序，以保证治理投资的优先顺序和最大效益。

③ 环保局通过修改和制定法规，严格执法，保护环境。

④ 环保局按照法律框架的规定，对义务承担人要求达标或进一步减少排污，并予以奖励。

苏格兰的确山清水秀，在依稀的迷雾中，潺潺而过的清流，清澈见底的湖泊，仿佛没有人居住过，因而为其披上了一层神秘的色彩，让游客流连忘返，使居民心旷神怡。苏格兰之所以能取得这样的成绩，与其当局一系列的法律、体制、管理和经济上的得力措施是分不开的。

我国这样的地方已经凤毛麟角，水环境工作者一定要守住最后一片净水，哪怕留给后代看看也好，否则前愧古人、后负来者，给自己留下终生遗憾。

中国是如何参加《国际湿地公约》的？
——今天"湿地"人人皆知

20 世纪 80 年代了解"湿地"这个词的人怕只有少数专业人士。现在"湿地"这个词人人皆知，耳熟能详。那么"湿地"是如何进入人们视野而逐步引起高度重视的呢？

1. 1992 年完成签署湿地公约

1990 年作者任中国常驻联合国教科文组织代表团参赞（对外副代表）时主管科技、生态与环境，职责包括执行党的对外开放政策和选择我国可以签署的国际公约。

针对中国政府是否签署《关于特别是作为水禽栖息地的国际重要湿地公约》这一问题，作者根据国内外材料进行了仔细研究。以前对湿地——沼泽地仅有的知识是"烂泥塘"，国内有关部门委托专家撰写的材料不够系统、全面，未达到申报标准。作者仔细查阅了许多联合国文献和外文书籍，并就近实地调研后才对"湿地"的科学定义和生态功能有了全面的认识：保护湿地是有利而无害的，湿地较排水填地造田的价值大得多。然后重新整理材料后报出，获得通过。

签约最大的问题是有关跨国往返的候鸟的争论，会不会有外国指责中国没有保护好自己的湿地而影响了他国候鸟的生存呢？分析的结果是：一是公约是提倡性的，并没有国际监测的条款，因此不会产生侵犯国家主权的行为；二是条约是互相的，他国也有类似问题；三是中国的改革开放政策决定中国应该融入世界大生态系统，加入条约可起促进作用。

1992 年 3 月 31 日，驻法的蔡方柏大使和作者向联合国教科文组织总干事马约尔和助理总干事扎尼哥递交了中国加入《关于特别是作为水禽栖息地的国际重要湿地公约》的文件，蔡方柏大使在文本上签字。签字后大家高兴地祝酒合影，马约尔总干事特别握着作者的手说："感谢中国从法律上保护湿地，谢谢您!"，扎尼哥助理总干事说："我最清楚您的积极有效的贡献。"

2. 扎龙湿地输水，生态效益明显

扎龙自然保护区位于黑龙江省齐齐哈尔市东南，嫩江支流乌裕尔河和双阳河下游的湖沼苇草地带。扎龙自然保护区包括齐齐哈尔市铁峰、昂昂溪两区、富裕县、泰来县、大庆市的林甸县和杜尔伯特蒙古族自治县的交界区域，总面积 2 100 平方公里，其中核心区面积 700 平方公里，是我国最大的以鹤类等大型水禽为主体的珍稀鸟类和湿地生态国家级自然保护区，1992 年被列入国际重要湿地名录。

1999—2001 年，扎龙湿地及其水源补给地乌裕尔河和双阳河流域遇到大旱，至 2000 年湿地发生大火灾，延续多日，芦苇连根燃烧，几乎摧毁了扎龙湿地的生态系统，700 平方公里的核心区只剩 130 平方公里有水，湿地几乎覆灭。2001 年作者在扎龙湿地全面考察后，黑龙江水利厅、刚成立不久的齐齐哈尔水务局和水利部松辽河流域水利委员会发挥统一管理的体制优势，筹措资金，启动扎龙湿地应急调水工程，当年就向扎龙湿地补水 3 500 万立方米，保住了仍在萎缩的 130 平方公里湿地。

扎龙湿地调水工程于 2002 年 4 月竣工后，2002 年全年向扎龙湿地补水 3.5 亿立方米。2002 年 8 月 25 日，朱镕基总理和水利部汪恕诚部长到湿地考察，对补水工作予以表扬。2003 年计划全年向湿地补水 2.5 亿立方米，到 7 月底已补水 1.2 亿立方米。两年来总计已补水超过 5 亿立方米，约占湿地正常蓄水量的 70%；恢复湿地核心区达 650 平方公里以上，占 93%；丹顶鹤种群总数超过 400 只，较 2000 年增加 30%。每个亲历的人都看到，芦苇新绿，湖沧蓄水，水鸟成群，鹤类可见，扎龙湿地基本恢复了旧貌。在此居住 5 代，57 岁的农民关青山说："我们的日子又好过了。"

湿地并没有明显的经济效益，对于补水单位更是只有投入没有产出，连续两年的补水之所以能够进行，主要是实现了水资源的统一管理，只有统一管理，才能从自然生态的大系统角度看问题，为保护自然、实现人与自然和谐而互相协调，集中投入。

目前我国的湿地已遭到巨大的破坏，黑龙江三江平原的湿地已丧失八成以上，千湖之省的湖北有 740 个天然湖泊（按科学定义基本上都是湿地）消失，长江中下游的情况更是触目惊心，通江湖泊已从 102 个减到今天的 2 个，几乎无存。一半以上的滨海滩涂不复存在，中国之肾——湿地已处于严重病态，亟待修复。

"退耕还林、退田还湖"如何实施？

新中国成立以来，国家对水土保持工作一直高度重视，早在 1952 年 12 月周恩来总理就签发过有关文件。而"退耕还林、退田还湖、移民建镇"（还可以加上"退牧还草、退用还荒"）的提出，是划时代的国家修复生态的总政策。

2001 年国务院通过的《21 世纪初期首都水资源可持续利用规划（2001—2005）》的一系列"退耕还林、封山育林"的具体措施，又对这一政策提供了例证。经过全面试点，2002 年 4 月 11 日国务院下发了《关于进一步完善退耕还林政策措施的若干意见》。这一政策的基本科学依据是：人类要想生存，必须占用森林、湿地来发展农牧业，但是必须有限度，保持人与自然和谐，保护人类赖以为生的生态系统，不能过度，失去平衡后大自然会"报复"人类。目前我国的实际情况是对自然生态系统的空间侵占过多，所以必须部分退回，这就是"退耕还林、退田还湖、退牧还草"，这一政策与水资源密切相关。

"退耕还林"的一个重要意义是保证水资源的供需平衡，在缺水地区应缩减耕地，恢复原始次生态的森林。要特别注意是"退耕还林"，而不是"退耕造林"，即在原有森林的地区，恢复原始次生林，才有科学的生态功能。

"退田还湖"的首要意义就是保护水资源。过去在长江、淮河等流域，华北和沿海地区围垦造田，消灭了大片湖泊与湿地，大大降低了蓄水能力，造成了洪灾，即使有足够的水种田，也必须保护健康的河流和自然之肾——湿地。

关于科学地退耕还林，可以用一个实例来说明。2006 年年底，时任北京市长的王岐山同志转来一份北京市政府的《北京市水资源与粮食种植问题研究》的报告，让作者评价。

该报告对北京的水资源和粮食生产做了较深入的研究。报告中提出：

"作为首都城市，大面积植树造林的意义尤其重要。大多数发达国家的首都十分重视城市森林建设，尤其注重城市森林布局。比如，大巴黎的森林面积占全部土地面积的 24%，主要分布在距市中心 10～30 公里内，涉及面积 1 187 平方公里，形成凡尔赛森林、枫丹白露森林等胜地。莫斯科的绿化面积占全市总面积的 40%，为了防止风沙进入城市，在东北部建立了 1 750 平方公里的森林公园，不断给城市输送新鲜空气，调节市区温度。目前，虽然我市的林木绿化率和森林覆盖率比较高，分别为 50.5% 和 35.5%，但是林木分布不均，森林主要分布在西部和北部山区，平原林木绿化率和森林覆盖率只有23.6％和19.1％，大大低于全市的平均水平。如果将朝阳、海淀、丰台、顺义、通州和大兴这六个平原区县的粮食作物种植全部实施'退粮造林'，则将新增林地6.2万公顷，平均的地区森林覆盖率可提高至27％左右，城市生态环境将会得到显著改善。

"'退粮造林'具有现实可行性。

"退出粮食生产，对首都市场粮食供给影响不大，有利于促进农民就业与增收，公共财政也能承担'退粮造林'的投入。

"1.'退粮造林'对首都粮食供给的影响

"首都市场的粮食供给并不依赖于本市的粮食生产。我市粮食产需缺口很大，粮食自产量在全市粮食消费总量中所占比重很小，绝大部分粮源依靠从产区购入或进口解决。在产量最低年份，自产量仅占全市粮食消费量的8.8％；即使在粮食直补政策作用下，扩大粮食生产规模后，粮食的自给率也不足20％。从粮食加工企业来看，加工的小麦绝大多数来自河南、河北、山东等粮食主产区，如古船食品公司2005年共消耗小麦30万吨，95％来自国内小麦主产区。

"2.'退粮造林'对农民收入的影响

"根据市农业局和统计局有关数据计算，2005年，农民人均售粮收入为272.4元，占人均现金收入的3％；农民人均粮食种植收益仅204.4元，占农民人均纯收入的2.6％。虽然在少数以种植粮食为主的纯农业村，农户的粮食种植收益在家庭总收入中的比重较大，但从整体上看，退出粮食生产对农民收入的影响并不大。

"如果实施'退粮造林'，参照现行的城市绿化隔离地区政策，农民拿到的生态林补贴达到10 500元/公顷（占地补偿费7 500元/公顷，养护费3 000元/公顷）。而在当前粮食直补政策下，平原地区的粮食种植收益为 9 000 元/公顷，山区和半山区优质耕地的收益为 8 400 元/公顷。两者比较，'退粮造林'将有利于提高农民收入。

"3. '退粮造林'对农民就业的影响

"北京有 300.5 万农民，从事第一产业的约 58 万人，直接从事粮食生产的农民更少，而且由于粮食种植的季节性等特点，多数种粮农民处于兼业状态。如果退出粮食生产，农民就业将发生新的积极变化：一部分农民从事林木管护工作，成为护林工人，按照每人看护 13.3 公顷左右的生态林计算，可安置 9 900 名农民就业；随着森林观光旅游和林木加工等产业的发展，更多的农民将直接转移到这些二、三产业就业。特别重要的是，由此可以促使那些兼业的农民从粮食种植中解脱出来，彻底走出传统农业，实现身份和生活方式的根本转变。"

作者曾向北京市领导提出建议："北京市森林主要分布在西部和北部山区，平原森林覆盖率仅 19.1%，达不到国际上温带森林覆盖率约 25% 的良好标准，应在平原适当造林。"作为对北京市平原造林研究报告的评价，作者专门抓紧完成了《退粮节水、中水回用，回补地下、植树造林，修复生态系统、实现人与自然和谐是北京的当务之急》的报告。现将有关内容摘录如下：

"退粮造林的政策建议：

"对延庆、怀柔、密云、昌平、平谷、房山和门头沟七个山区区县的 7 万公顷坡地粮田，原则上退光，封山育林。对于顺义、通州、朝阳、海淀、丰台和大兴 6 个平原地区的 6.2 万公顷粮田，退出 3/4 即 4.7 万公顷造林，使北京平原地区的森林覆盖率达到 25% 的国际标准，其余 1.5 万公顷粮田保留。

"（1）保留约 1.5 万公顷粮田的分析

"鉴于北京的人口和水资源状况，平原森林覆盖率达到 25％为宜（如巴黎为平原，森林占 24％），可以不再提高。原因是：森林成林后尽管不需灌溉，但仍吸地下水，而且枝叶有蒸腾作用，初期水资源含蓄能力仍为负值；北京有一批种粮技术力量和种粮能手，保留少量农田可以利用这些技术资源；作为国际大都市，北京保留粮田有示范意义、窗口作用和观光农业的功能。

"（2）保留粮田的确定原则

"突出北京农业的示范意义——被保留粮田应采取先进节水灌溉技术，达到每立方米灌溉用水产粮 1.5 千克以上的国际先进水平（目前全国平均约为 0.5 千克/立方米）；观光农业收入应不靠政府的政策性补贴；在观光农业区域内为宜；自愿的原则。

"（3）造林的原则

考古证据表明，1 万年前北京的气候就相对稳定，形成了针阔叶混交林和草原植被，因此，根据生态原理，宜参考北京密云和香山等地的自然林，选择本地适宜的节水树种；借鉴巴黎的经验，营造多树种的乔、灌、草相结合的森林系统，避免单一树种；借鉴莫斯科的造林经验，造林成环，形成西北厚、东南薄的 3～5 个林带环。"

同时，还提出北京应加强污水处理和中水回用，用中水灌溉，以保证水资源的供需平衡。

2007 年 3 月 9 日王岐山同志对作者的针对《北京市水资源与粮食种植问题研究》的评价报告批示："此乃季松同志应我之请所作，与我们去年的课题相吻合，且在更大范围内提出了好的意见，值得参考。"

作为国家全面的生态修复政策，似还应加上"退牧还草"和"退用还荒"。

"退牧还草"是因为作者到过的我国多个牧区都过度放牧，关键是单位面积草场的牲畜数量超过了其承载力，地下水无法支撑牧草的再生，造成草场退化，形成恶性循环。呼伦贝尔大草原的小草刚过脚踝，再也见不到"风吹草低见牛羊"的景象。作者曾住过两年半的新疆草原也有类似情况，连地旷人稀的青海草原也出现了过度放牧的现象。所以必须休生养息，"退牧还草"。

至于"退用还荒"前面已经讲到，沙漠与绿洲之间的荒漠不是可以开垦的"荒地"，它是沙漠与草原之间的生态过渡带，有着保护绿洲的重要生态功能，不能开垦，已经开垦的要"退用还荒"。

这些生态修复实际上都取决于水资源系统，同时也是对水资源系统的修复。

《黑河流域近期治理规划》如何把"沙尘暴源"变成了旅游区？
——额济纳旗的变迁

在国务院领导和水利部领导的指导下，作者时任全国节水办公室常务副主任、水利部水资源司司长时经过 1999—2001 年实地调研后主持制定的《黑河流域近期治理规划》得到专家的高度评价，经国务院国函【2001】74 号文批准，与《21 世纪初期首都水资源可持续利用规划（2001—2005）》和《黄河重新分水方案》一起被时任国务院总理朱镕基批示为："这是一曲绿色的颂歌，值得大书而特书。建议将黑河、黄河、塔里木河调水成功，分别写成报告文学在报上发表。"时任国务院副总理温家宝批示为："黑河分水的成功，黄河在大旱之年实现全年不断流，博斯腾湖两次向塔里木河输水，这些都为河流水量的统一调度和科学管理提供了宝贵经验。"

1. 黑河生态修复规划奏响绿色颂歌

黑河是我国西北地区第二大内陆河，流域面积14.29万平方公里，中游在甘肃张掖地区，农牧业开发历史悠久，史称"金张掖"，是古丝绸之路上的重镇。1958年还分别有270平方公里和35平方公里的尾闾东、西居延海，但经30年先后干涸。20世纪50年代以来，黑河流域人口增长了1.42倍，耕地则增加了2倍。

北方边疆重镇额济纳旗人口从0.23万增加到3万，牲畜从3万头增加到16.6万头。因此，用水量从15亿立方米增加到26亿立方米，河流进入下游的水量逐年减少，使河道干涸、林木死亡、草场退化、沙尘暴肆虐等生态问题日益严重。同时，黑河断流持续延长，将威胁到古丝绸之路重镇张掖，自古以来的"金张掖"将变成"沙张掖"。1999年荒漠化已经严重威胁了当地各族人民的生存和发展，并成为我国北方沙尘的主源头之一。

2002年8月24—31日，作者率检查组对《黑河流域近期治理规划》（以下简称《规划》）的实施情况进行了全面检查。检查组行程3 500多公里，实地考察了黑河下游及尾闾东居延海的生态状况，以及中游张掖和酒泉地区规划项目的实施情况，听取了黑河流域管理局、甘肃省水利厅、内蒙古自治区水利厅、阿拉善盟、张掖地区行署、额济纳旗、金塔县关于规划实施情况的汇报，通过与当地农民的多次交谈，详细了解了规划实施的现状。

（1）2002 年黑河分水情况

从 2002 年 7 月 8 日起，2002 年度第一次"全线闭口、集中下泄"工作开始。7 月 8—10 日，张掖地区中游干流沿岸所有引提水口门依次向下逐县（市）闭口；至 7 月 23 日，第一次"全线闭口，集中下泄"结束，前后历时 15 天。出山口的莺落峡累计来水 3.54 亿立方米；7 月底在已干涸的尾闾东居延海，最大水域面积达 23.66 平方公里，总蓄水量 1 036 万立方米，平均水深 0.44 米，最大水深 0.63 米。作者到时仍有湖面约 15 平方公里。随着湖区水面的形成和扩大，一群群水鸟迁徙湖区，追逐嬉戏，由于 10 年没有来水，尚未见到湖区的芦苇和水草有所复苏。

（2）规划项目进展情况

截至 2002 年 8 月，上游源流区（青海省）完成围栏封育 30 万亩，占《规划》近期治理目标（180 万亩）的 16.7%；黑土滩、沙化草地治理 10.5 万亩，占《规划》近期治理目标（35 万亩）的 30%；天然林封育 10 万亩，占《规划》近期治理目标（60 万亩）的 16.7%；人工造林 1.2 万亩，占《规划》近期治理目标（10 万亩）的 12%。

中游及下游鼎新片（甘肃省）完成节水退耕 9.06 万亩，占《规划》近期治理目标（32 万亩）的 28.3%；生态退耕 18 万亩，占《规划》近期治理目标（32 万亩）的 56.3%；干渠建设 174.75 公里，占《规划》近期治理目标（485 公里）的 36%；建筑物 868 座，占《规划》近期治理目标（3 500 座）的 24.8%；田间配套 5.8 万亩，占《规划》近期治理目标（90 万亩）的 6.4%；废止平原水库 8 座，占《规划》近期治理目标（8 座）的 100%；高新节水 3.5 万亩，占《规划》近期治理目标（43.5 万亩）的 8%；压缩水稻

8.4万亩，带田23万亩，大力调整产业结构（粮、经、草比例由43：53：4调整为35：57：8），开展了节水型社会及水权试点工作。

下游额济纳旗居延三角洲地区（内蒙古）已完成封育胡杨林6万亩，占《规划》近期治理目标（30万亩）的20％；饲草基地0.6万亩，占《规划》近期治理目标（4万亩）的15％；生态移民300人，占《规划》近期治理目标（1 500人）的20％。

2. 12年前的沙尘暴源今天已成旅游地

《黑河流域近期治理规划》考虑水生态系统的承载能力，通过分水，"以供定需"，保证逐步做到黑河不断流。规划实施后，经过连续不断的输水，2013年东居延海已实现连续9年不干涸，水域面积维持在36.61～54.93平方公里之间，水深为2.11米，水面重现，地下水位升高，动植物系统开始恢复。额济纳绿洲东河地区的地下水位上升了近2米，多年不见的灰雁、黄鸭、白天鹅等候鸟成群结队地回到了故地，东居延海特有的大头鱼重新出现，湖周水草也开始复苏。

林草覆盖度提高，胡杨林得到抢救性保护，面积增加33.4平方公里；草地和灌木林面积共增加了40多平方公里，沿湖布满绿色的生机，野生动物种类增多，生物多样性增加，从而有效缓解了下游局部地区环境的恶化和沙漠侵袭的势头，使局部地区的生态系统得到较大改善。输水后，昔日渺无人烟的沙地又恢复了旧日的东居延海，20世纪90年代波及北京的沙尘暴源成了旅游重地。2013年"十一"黄金周的游客达33.26万，已成为热门旅游景区。

《塔里木河流域近期综合治理规划》
如何使维吾尔族居民迁回来？
——与百岁维吾尔族老人追溯生态史

以生态史追溯为主，作者经过全面实地调研主持制定的《塔里木河流域近期综合治理规划》，经国务院国函【2001】86 号文批准实施后，自 2001 年 11 月至 2006 年，塔里木河尾闾台特玛湖始终保持着一定的湖面，最大时曾达到 200 余平方公里。

1. 追溯沙漠绿洲的生态史

由于没有任何资料可查，而可用水量又极其有限，只能采用追溯生态历史的方法制定科学的恢复目标，不让节约下来的灌溉水白白流入无限荒漠。据世代在这一带居住的、109 岁的维吾尔族老人阿不提·贾拉里（2000 年作为世纪老人在京受到江泽民主席接见）对作者说，历史上的英苏是一个（典型的）荒漠绿洲，塔里木河在此转弯，形成一个约 3×2 平方公里的小森林生态系统，这也证明了大于 1 平方公里的地域就有可能形成独立的生态系统，当时形成了一个有 20 多户的维吾尔族英苏小村。周围的生态状况是：

- 植被——乔木为较密的胡杨林；灌木是很密的红柳；草茂密，可以放牧。
- 野生动物——鹿、黄羊、狼、野兔形成群落，可长期生存。
- 地下水位——挖几米即可出水，从胡杨林生长需求看，埋深小于 7 米。

根据上述状况制定了以有限的水在茫茫大漠中修复绿洲的

规划。

2. 输水前后情况比较

输水前的情况是：

- 植被——林区蜕化为半荒漠地区，胡杨干枯，红柳少且干黄，草近绝迹。
- 野生动物——动物群落绝迹，偶尔出现外来黄羊。
- 地下水位——埋深降到 12～13 米。
- 居民状况——全部迁离。

据此情况决定输水的路径、总量、批次与时机，以修复生态系统。

输水后的情况是：

- 植被——胡杨有新芽，红柳返绿，草在输水河床上成片长出。
- 野生动物——较多见到黄羊和野兔。
- 地下水位——埋深平均 7.8 米，最高 4.5 米。

阿不提·贾拉里老人说："江主席给放水，我们搬回来了。"

3. 修复生态系统的效果

根据对当地生态史的追溯研究，制定了科学的输水规划，优化配置了有限的水资源。自 2002 年起，塔里木河至英苏村不再断流，到 2005 年底，沿河约 2×1 平方公里的小森林生态系统已经恢复，取得了明显效果，表现为：

- 植被——胡杨复苏并新生，红柳大大增加，土地沙化被遏制，草地已经恢复。

- 野生动物——除鹿的情况尚需观察外，其余均已恢复群落的长期生存。
- 地下水位——维持在埋深 5～6 米。
- 居民——20 户的农牧小村已经恢复。

由此可见，一个生态系统的动平衡完全被打破到不可逆转的状态也不是轻而易举的事。生态系统，即便是很脆弱的生态系统也有很强的自我修复能力，如果科学地给予外力，则没有被人类彻底摧毁的生态系统通过人类建设而逐步恢复是完全可能的。同时，更应该看到，生态系统的恢复不是一朝一夕能够实现的，是个长期的过程，一般比其被破坏来得慢，其代价也比被破坏时的"受益"大得多。因此，维护生态系统时不要"先破坏，后建设"，是人类近百年来经济发展取得的最宝贵的经验。

此后，2001 年 11 月中旬又第三次向下游输水 10 亿多立方米，到达塔里木河的尾闾台特马湖，形成了 10 多平方公里的湖面。2002 年 8 月又开始第四次输水，至 8 月 31 日已下泄 9 850 万立方米，下游的地下水位继续上升，河道沿岸的灌木和胡杨林已大面积返青，本次输水计划总量达 3.5 亿立方米。

继续输水至 2011 年共达 12 次，使台特马湖最大水域面积达到了 300 平方公里。湖区周边的红柳、胡杨、芦苇等植物面积明显增加，野鸭、野兔和水鸟等野生动物的数量也呈增多趋势，水环境得到极大改善。但水深只有几十厘米，远不及当年了。台特马湖是罗布泊的一部分，湖北岸就是罗布庄，台特马湖的初步恢复预示着在中国地图上对已经消失了 40 年的罗布泊的修复已经开始。

黄河为什么不断流了?

——中华文明的颂歌

黄河是我国第二大河，也是世界上著名的多沙河流，黄河发源于青藏高原的巴颜喀拉山北麓，自西向东流经青海、四川、甘肃、宁夏、内蒙古、山西、陕西、河南和山东 9 个省区，至山东垦利县入渤海，全长 5 464 公里，流域面积 794 712 平方公里。

由于黄河流域本身的生态系统比较脆弱，而人类对其开发又较早，因此上游植被遭到破坏；中游水土流失严重，水少沙多，水沙异源；下游发展成地上悬河，灾害频发，历来以"害河"著称。加之长期以来对水土资源不合理的开发利用，黄河存在洪涝灾害严重、下游断流频繁发生、中游水土流失、下游悬河加剧、水体污染致使生态系统蜕变等突出问题，给人民的生命财产带来巨大损失，极大地制约了黄河流域的资源开发和经济建设的发展。

1. 黄河断流国际影响重大

黄河下游的首次断流发生于 1972 年，河口利津水文站累计断流 3 次，共 15 天，断流河长 310 公里，断流始于 4 月 23 日。从 1972 年到 1997 年的 26 年中，黄河下游共有 20 年发生断流，利津水文站累计断流 70 次，共 908 天。1997 年，黄河出现有记录以来最严重的断流现象，利津水文站 2 月 7 日开始断流，全年断流 13 次，共计 226 天，断流河长 700 公里，中游各主要支流控制水文站多数出现断流或接近断流。

黄河断流时间和断流河长呈逐年增加趋势。1972—1989 年，利津水文站共有 13 年 191 天断流，平均断流河长 249 公里，断流最早发生于 1972 年 4 月；1990—1997 年，利津水文站共有 7 年 717 天断流，平均断流河长 426 公里，断流最早发生于 1990 年 2 月。

黄河——中华民族的母亲河断流，不仅引起全国人民和中央领导的高度重视，同时也引起了国际上的广泛关注。

2. 黄河断流的危害

黄河断流给下游沿黄地区的工农业生产造成了较大损失，对黄河防汛也有不利影响。据初步调查分析，黄河下游沿黄地区 1972—1996 年，因断流造成工农业损失 268 亿元，减产粮食 99 亿公斤。进入 20 世纪 90 年代后，黄河中游连续几年发生高含沙洪水，而冲沙入海的水量大大削减，致使大量泥沙淤积于下游河床，河道行洪能力减弱，造成小水大灾，时时存在决口改道的威胁。

黄河断流严重影响了下游及河口的生态系统。由于黄河水量减少，入河的废污水量不断增加，致使水质趋于恶化。水沙来量减少，加重了海潮侵袭和盐碱化程度，河口湿地生态系统退化影响了生物的多样性，使得黄河三角洲日益贫瘠。断流加剧所引起的水荒和下游决口改道的威胁并存，影响了区域经济的可持续发展，因此，缓解黄河断流迫在眉睫。

1998 年作者到当地考察时，黄河在大洪水年断流，河口一片沙地，见不到一滴水，几株干枯的芦苇显示出这里还有岌岌可危的生命，水鸟没了踪影，触目惊心，真是"君不见黄河在哪里，何以面对中华子孙？"任何一个有良知的水环境工作者都会暗下决心："一定要修复黄河！"

更为重要的是，随着断流时间的加长和断流河段的延长，黄河最终将变成一条内陆河，这样就完全破坏了黄河的生态系统，摧毁了中华民族的摇篮，这一后果尽管是不堪设想的，但却是完全可能的。

3. 黄河断流的原因

黄河水资源贫乏，不能满足快速增长的用水需求是断流的首要原因。黄河流域地处干旱和半干旱地区，多年平均径流量为 580 亿立方米；人均水量为 593 立方米，为全国人均水量的 25％；耕地亩均水量为 324 立方米，仅为全国平均的 17％。而黄河沿岸的年用水量已由 20 世纪 50 年代的 122 亿立方米增加到 90 年代的 300 亿立方米。目前黄河的水资源利用率超过 50％，在国内外的大江大河中属较高水平。农业灌溉占黄河用水的 92％，且主要集中在下游，50—90 年代，下游地区用水增长了 4.6 倍，引黄灌溉面积增加了 6.4 倍，引黄工程设计引水能力 4 000 立方米/秒，远远超出了黄河的可供水量。

近年的降水和径流偏少使下游断流现象更趋严重。花园口以上流域的年降水量，20 世纪 80 年代偏少 1.3％，1990—1996 年偏少 10.3％。由于上、中游广泛开展的水土保持综合治理和农田水利建设起到了明显的截水拦沙作用，因此在同等降水条件下，河川径流相应减少。各主要控制站的径流从 80 年代末期开始呈明显减少趋势，致使近年黄河上、中游来水量锐减。

缺乏有效的管理体制，难以实现全河水资源的统一调度也是断流的重要原因。由于干流骨干工程和大型灌区的运用管理分别隶属于不同部门和地区，因此没有形成流域统一管理与区域管理相结合的调度管理体制，所以很难做到全河统筹，上、下游兼顾。一遇枯水年份或枯水季节，沿河工程争抢引水，加剧了供水紧张局面，也造成水资源的浪费。

4. 解决黄河断流问题

解决黄河断流的关键，第一是认识问题，第二是管理问题，有了可持续发展的科学认识，再加强实地的分水管理，就可以解决黄河断流问题。

（1）多了一个"生态水"

黄河断流的原因是客观存在的，人口急剧增加、生产迅速发展、气候趋于干旱等多重因素叠加，黄河流域的确缺水。但是，如何认识缺水？像"生活用水不能少，生产用水不能少，'生态用水'就可以少，为什么要让白花花的水流到海里去呢？"这样的认识是断流的症结。上、中、下游都考虑自己的发展，喝光用光，不留生态水，黄河自然要断流。作者在国务院会议上提出了"生态水"的概念，即用水不是"两生"，而是"三生"，不仅要有生活用水和生产用水，还要有生态用水，生态用水也是不可或缺的用水。生态水就是维系生态系统的最低用水，没有生态水，生态系统就会退化和崩溃，而生态系统是人们生活和生产赖以生存的基础，不留生态水就是自毁生存的基础。国务院领导肯定了这种新认识，因而重新制定分水方案的工作就此启动。

（2）统一管理解决黄河断流问题

1999 年，国务院批准作者主持的以"生态水"为指导思想的重新分水方案，黄委会开始对黄河水资源实行统一管理和调度，在基本保证治黄、城乡生态和工农业用水的条件下，在疏浚已淤塞的河道，甚至不得不派人把口以防止分水的极端困难的情况下，保证生态用水。1999 年黄河仅断流 8 天，执行这个方案以后，没有断流。2000 年，在北方大部分地区持续干旱和从黄河向天津紧急调水 10 亿立方米的情况下，黄河仍实现了全年未断流。

必须说明的是，自 1999 年以来，黄河从未断流，但在四年之中有个别时段的入海流量只有每秒几立方米，这个流量有时长达一星期。应该承认，这有象征意义，但生态功能是很小的。今天黄河口已是另一番景象，巨流滚滚，湿地修复，芦苇丛生，水鸟成群，生态已基本修复，也成了旅游景区。

如何建生态水库？
——科学着力改善水环境

三江流域发展的必然选择是开发水能资源，但是，如何做到人与自然和谐呢？首先看是以传统工业经济破坏生态系统的指导思想来开发，还是以循环经济依附于自然循环基础之上的指导思想来开发；然后看能否以资源系统工程学为指导，以大系统的思想进行统筹开发。具体到水电的开发，作者提出遵循"生态规划、生态设计、生态施工、生态运行"的"四生"原则来修大坝、建生态水库。如果做到了，就有可能取得"生产发展"、"环境保护"和"生态修复"的三赢。而不应该走要么禁止开发，要么放任开发两个极端。

1. 生态规划

所谓生态规划就是在规划大坝水库项目时，以生态学的理论为首要指导思想。具体原则如下：

（1）全年各时段因梯级电站滞水而产生的河道流量的减少应在 15％以下

水资源利用对河流的最大生态影响是长时间改变河道的水流量，从而影响流域的地下水位和植被系统。梯级电站滞水后河流流量的减少（尤其是枯水期）应控制在 15％以下，加上其他生产取用水量的 4％，总量应控制在 20％以下，才不致产生较大的生态影响。这是梯级电站规模和级数规划的限制条件。

三江流域的降雨量在年内分布极不均匀，5—10 月雨季的降雨量占总降雨量的 75％以上，因此对枯水期的河流生态系统的维系更值得高度重视。

（2）河流形态不应有大的改变，要保持一条健康的河流

除了对取水总量的控制外，还应保证河流形态不发生大的改变，即在一定的时间周期内（如 1 天）和一定的范围内（如河道内）使河流的形态不发生改变，这样才能保持一条健康的河流。根据作者在联合国制定的标准，任何时段、任何区域的用水量都不应超过 40％。

（3）尽可能减少耕地淹没和移民人口

目前三江流域的总人口为 920 万，按目前规划，建库移民为 28.8 万人，占总人口的 3.1％；耕地总面积约为 2 800 万亩，淹没总面积为 46.4 万亩，占总耕地面积的 1.7％，以上都在生态允许的范围内，即便移民进行等量开荒，对整个生态系统也不致产生大扰动。

但是，必须妥善解决移民，尤其是少数民族移民的安置问题，关键是安置后移民的可持续发展能力。例如，使移民就地上移开荒，不但破坏植被，而且会因使他们在更恶劣条件下生存，从而降

低其生活水平和可持续发展的能力。如果能把补偿投入，再结合政策扶持发展旅游业，就会收到好得多的效果。这种措施应列入规划，以增加规划的生态有益性。

（4）对三江并流世界自然遗产及其他文物的保护

作者曾任世界文化与自然遗产委员会中国委员，为了保护三江并流世界自然遗产，应尽最大可能不建和少建电站，保留一段原生河流，维护国家声誉。此外，对金沙江虎跳峡和我国古代去缅甸和印度的通道等自然和文化遗迹的保护方案也应列入规划。

（5）建库后水流变缓，降低水生态系统自净能力的对策

由于建库后水流变缓会降低水生态系统的自净能力，因此尽管三江流域的排污较少，水流量较大，在用水价格中仍应包括生态补偿，所得补偿资金专用于污水处理厂的建设，以尽量维系自然生态系统。

2. 生态设计

所谓生态设计就是要在大坝的设计中，以具体设施落实规划中的生态原则。

（1）蓄水水位

三江流域的大面积森林在海拔较高的地区，据实地观察淹没面积不大，因此对陆地动植物物种的影响也很小。即便如此，仍应结合实地情况，适当考虑蓄水水位的设计，以取得经济效益与生态影响的平衡，尽可能减小生态影响。

（2）建鱼道

应建鱼道来保证下游河段因筑坝拦水对回游鱼类的影响。例如在澜沧江下游有回游鱼类，筑坝拦水将影响这些鱼类回游，所以应

在坝上建鱼道。

（3）排　沙

横断山区的自然条件是山高坡陡、暴雨集中，水库建成后将使河流的冲沙能力降低。应对策略是一方面在设计中考虑修建排沙设施；另一方面在用水价格中包括生态补偿，将所得资金专款用于区域植被的建设，以减少沙土流量。

3. 生态施工

所谓生态施工就是在施工中以尽可能地维系生态系统为原则，文明施工。表现在：

① 尽可能减小施工面，尽可能减少植被破坏。施工中的渣土必须集中运走，不能因散落而再造成植被破坏面积的扩大。作者在考察金沙江时已看到施工中的碎山成扇面而下，将虎跳峡几乎填埋，令人痛心。

② 施工中尽可能减少修建新设施。例如运输要尽可能依托原有土路，少修新路；同时，尽可能少建施工临时房屋。作者在考察金沙江时就看到为施工另修新路，满坡碎石滚向江中。

③ 在合同条款中就规定施工单位在施工前清理以森林为主的库区植被，在交工时拆除临时建筑，并恢复植被或为此做出补偿。

4. 生态运行

所谓生态运行就是在水库完工后，按照生态原则进行发电运行。具体是：

① 确保鱼道等生态维系设施的正常运行。

② 确保枯水期时河道中下泄的水流量。

③ 在运行中调水排沙，以减少沙在水库和天然河道中的淤积。

以资源系统工程学为指导遵循"四生"原则，就可以科学地建设新型水电站，促进当地经济的发展，尽可能减小负面的生态影响，修建生态型水库。

作者不仅提出了修建生态水库的理论，而且主持制定了第一组以修复生态系统为主要目的的水库建设规划方案。美国第二大报《华尔街日报》的记者问作者："您们组织的桂林漓江水系规划的生态水库是世界第一个吗？"作者回答说："这样规模的、以生态系统修复为主要目标的水库，据我所知是世界第一个；瑞士有，目标不太明确，而且规模小。"实际上，桂林漓江上游《广西桂林市防洪及漓江生态补水控制性水利枢纽工程》方案在 2003 年 11 月已经提出。

在 2004 年 1 月的漓江水系规划中提出了生态修复、防洪和发展旅游业多目标体系，但生态修复是第一位的，而且第一次提出了"以生态效益为目标，在科学发展观的循环经济思想指导下，生态规划、生态设计、生态施工、生态运行"的"四生"原则；在桂林节水防污型社会建设试点的漓江水系规划统筹考虑中，对拟建的漓江上游斧子口、川江和小榕江三个水库提出了更明确的生态目标，并据此对规划进行了修改。

以"四生"原则为指导实施修建的三个新型水库，加上原有的青狮潭水库，进行四库联调总量控制，在枯水季对漓江补水，保证径流量在 50 立方米/秒以上，促进了当地的经济发展，大大减小了对生态系统的负面影响。目前对桂林上游阳朔的旅游已从完工前枯水季无法上溯，一年仅 8 个月可以旅游，延长到现在全年可以旅游，实现了生态、经济的双丰收。

什么是城市水安全

——关键是水资源承载力

我国 657 个城市中有 2/3 缺水，过半数有严重的水污染问题，居民和企业面临严重的水资源短缺和水污染问题，处于不安全状态。

我国的行政体制与许多西方国家孤立的城区城市不同，是市管县，所以城市不仅是城区，还包括广阔的郊区和辖县，因此可以构成相对独立的水生态系统，是考虑水安全的适宜范围。

城市的水安全有三个方面的内容：

一是，按照前述标准，至少应有保障可持续发展的最低水资源量 300 立方米/（人·年），作为宜居城市应为 500～1 000 立方米/（人·年）。

二是，城市河道的Ⅴ类和劣Ⅴ类水的河段长度不能超过 15%，地下水埋深不宜超过 30 米，水质应基本保持在Ⅲ类以上。

三是，城市应形成河湖与湿地构成的水网，人均水面（河流水面可根据流速乘以流动系数）应大于 3 平方米，从而保证城市的粉尘吸附、空气清新和"热岛效应"的缓解。

达到上述标准的城市才是水安全的城市。

什么是水资源与水环境承载力的主要内容？

为什么要"以水定城，以水定地，以水定人，以水定产"呢？因为水资源承载力是将城市这个人工生态系统叠加在地球这个自然生态系统之上的最基本的承载力，无论是城市功能、城市面积、城市人口，还是城市产业，都取决于水的承载力，水的承载力不足，撑不住，城市显然是不安全的。水是制约城市发展木桶的短板。

承载力（carrying capacity）是力学中的一个指标，是指物体结构在不产生任何破坏时承受的最大载荷。18世纪末，马尔萨斯发表了《人口原理》，为承载力概念赋予了现代社会经济与生态的内涵。1921年，帕克和伯吉斯首次将其用于研究人口问题，并指出在某一地区特定的环境条件（主要是指生存空间、植物、矿物、自然资源等因子的配合）下，人口数量存在最高极限，可以通过该地区的食物资源来确定。随着资源短缺与人类社会发展的矛盾不断加剧，承载力的概念有了进一步发展，并应用于社会-经济-自然的复合系统中。20世纪80年代初，联合国教科文组织提出了"资源承载力"的概念，即一个国家或地区的资源承载力是指在可以预见的期间内，利用本地各种可利用的自然资源和智力、技术等条件，在保证符合其社会文化准则的生活水平条件下，该国家或地区能持续供养的人口数量。水资源作为一种部分可再生（更新）的自然资源，其承载力具有特定的内涵。

1. 自然生态系统的内涵

水资源与水环境承载力系统包括以下3个方面的含义：

① 当地水资源的开发利用量不超过可更新水资源量；

② 水环境质量符合设定的使用功能要求，污染物的浓度值和累积值都应处于功能设定的极限值以下；

③ 满足水生态系统的安全性和生物多样性的需求以及特定景观的用水需求。

水生态系统本身具有一定的弹性，因此水资源承载力的生态极限也具有一定的动态性。

2. 人类社会经济的内涵

在一定的空间区域内，水资源与水环境对区域社会经济的承载力是有限的，人口越多，经济越发达，居民生活水平越高，则用水越多。所以水资源与水环境对区域的社会经济发展是有制约作用的，表现为对社会（包括居民数、生活水平和用水方式）和经济（包括经济总量、用水效率和循环利用的水平）承载力的最大值。

3. 时空内涵

水资源承载力还有一定的时空内涵：

① 它是一定区域尺度上的水生态系统自身的承载力；

② 随着技术水平的提高，相同的水资源量的承载力是不同的；

③ 它是随时间变化的，即某区域的水资源量不是恒定的；

④ 它是一个周期性的概念，在一定的时间周期内，在进行量化计算时应取其平均值。

在某一区域，当人类对水资源的开发利用超过其承载能力时，必然以牺牲水环境质量（即降低水环境承载力）和破坏水生态系统为代价，水资源与水生态之间相互制约的关系就会紧张。相反，通过技术的提高、管理的加强，将人类开发利用的强度控制在水资源承载力以内，水资源与水生态之间的制约关系就会缓和。

什么是"以水定城"？为什么？
——推进新型城镇化

因为水是城市资源安全、社会安全、经济安全和生态安全的保障，因此要"以水资源的永续利用来保障城市的可持续发展"——以水定城。以水定城包括以下几方面的含义：

1. 城市的建设和扩展不能迎水而行，要保护城市的自然健康河道

自古以来为了取水与航运的便利，城市依水而建，但往往占用了自然河道，造成洪水泛滥，然后又筑堤防洪，这实际上是违反自然规律、自找麻烦。城市建设不是主观的"摊大饼"扩张，而是要"顺水而行"。我国的开封就是这种奇特的城市，有"开封城，城摞城"之说：城市紧靠河流而建，在河道中筑堤挡水，大洪水来临不仅冲破堤坝，而且造成泥沙淤积，填埋了城市；在洪水过后只得在泥沙之上再建新城，形成"城摞城"的奇观。尽管黄河是一条特殊的河流，但是开封城至少摞了三层，是一再违反自然规律的写照。

目前尽管城区地域寸土寸金，但也不能侵占河道，这已成为现代城市发展的科学理念。例如东京甚至拆除堤防恢复自然河道，在河滩上建公园、足球场和高尔夫球场，洪水期停用，权当浇灌，洪水过后继续使用。

2. 城市的建设与扩展要考虑在地域内水生态承载力高 的地方，不能主观臆造

虽然城市要建在水源丰富的地方，一方面是距河湖不远，另一方面是地下水埋深较浅，这样才能解决城市的绿化和构成水网等问题，但不能侵占河道而建。

目前我国西北有些城市在扩大城区时对水资源问题考虑不周，有的在机场到城区之间修林荫大道，盲目扩大城区，造成不少林带成了长不大的小老树林，不仅生态功能十分低下，反而消耗了大量水资源。

因此，没有"以水定城"，就难以从城市建设和发展上保证水安全，也就没有城市的安全，这是新型城镇化的基本理念。

什么是"以水定地"？为什么？
——推进新型城镇化

从城市来说，"以水定地"有三个方面的含义：
一是城市的建筑用地，二是城市的农业用地，三是城市绿地。

1. 城市的建筑用地

城市的建筑用地应当尽量节约，因为盖房就要通水，每一平方米的建筑面积都以水资源为支撑，而建筑用地又直接取决于居民住房和办公用房面积的大小。目前我国的居民住房和办公用房都有建筑面积过大的趋向。

北京申奥时，作者作为北京奥申委主席特别助理，曾经率工作

小组租住在希腊一位退休中将的家里，中将老两口去了乡间别墅，把房子租给我们使用。使我们感到吃惊的是他在雅典的住房只有99平方米，他的乡间别墅也不到50平方米，所以他的总居住面积不到150平方米。他对作者说："要为子孙后代节约资源，才能可持续发展。雅典缺水，尤其是要节约水资源，住房不能太大。"

作者的朋友，日本的水资源署署长相当于我国总局的级别，他家在东京的住房只有60平方米，他说："你看，这个小家也很舒适。"总部在巴黎的联合国教科文组织科技部门水处的处长，相当于我国副局的级别，他的办公室只有25平方米。

2. 城市的农业用地

城市应按国家政策保留农业用地，也就是守住"18亿亩耕地"红线中自己的份额。

在城镇化过程中占用农业用地是个必然过程，但应该有长远的科学规划，还要有限度。不能换一届政府就征用一次，这样做显然不是可持续发展的政策，有的城市目前已基本无地可征，把"子孙地"全占了。

保留农业用地的另一个重要原因是，生态文明的重要组成部分是传承文明。我国是世界上有最长的、持续不断农耕史的国家，这是中华文明的传统。城市不能消灭农业，要让人民，尤其是进城农民看得见"乡愁"。其实，不管是伦敦还是巴黎近郊，都保留了农牧业，所谓西方城市没有农业是行政区划的原因，这些城市的行政区划只包括城区，而不是消灭农牧业。

但是农业用地要"以水定地"，水源充足可以保留多些，水源短缺可以最低限度地保留，但不必消灭农业，而要使农业现代化。

3. 城市绿地

首先看城市林地。城市应有足够的林地，一般应达到人均 20 平方米的国际标准，这样才是一个宜居环境。被称为"绿城"的华沙等城市的人均绿地超过了 50 平方米。

为了保留农牧业（实际上农牧业本身就有一定的绿地生态功能），温带的城市森林覆盖率达到 25% 就能具有满足需求的生态功能，而不必与农业争地。

我国是市管县的行政体制，虽然在城市的远郊山区有较高的森林覆盖率，但应按与市中心的距离再乘以一个系数打个折扣。远郊森林不能简单地代替平原森林，因为远郊的森林对城区不具备近郊平原森林同等的生态功能。

城市绿地更要以"以水定地"，但原则是不能靠抽取地下水进行浇灌而勉强形成"人造绿地"，而应追溯当地的生态史，并考虑到城市人工生态系统的叠加。

城市内必须要有绿地，但是城市绿地要以水来支撑，尽管有城市人均绿地 20 平方米的国际标准（包括森林），但是还要因地制宜，不能盲目扩大，靠抽地下水浇灌来支撑，反而破坏了生态系统。在需要浇灌的城市绿地中，用水应有定额，应促使城市绿地采用土生的树种和草种来节水，以便尽可能减少浇灌。同时，浇灌不但要利用喷灌、滴灌，还要采用根据植物生长期的痕灌等更科学节水的方法。德国的柏林和波兰的华沙都是中度缺水地区，但是都拥有世界最高的城市人均绿地，其经验值得借鉴。

因此，如果没有"以水定地"，从生态上就难有资源上的水安全，也就没有城市安全。

什么是"以水定人"？为什么？
——推进新型城镇化

目前国际上都对特大城市（一般指 500 万人以上）的人口控制进行严格的规定，墨西哥的墨西哥城、印度的孟买和埃及的开罗，这些大城市都饱受无限度膨胀之苦，甚至一致得出了特大城市不能超过 3 000 万用水人口（墨西哥城曾一度接近 3 000 万人，城市病最为严重）的结论，其中包括了暂住人口（365 人住一天，即为 1 人住 1 年）。其实，早在 20 世纪 50 年代，纽约、伦敦和巴黎在接近 1 500 万人时，城市病已十分严重，从而采取了多种措施使居民迁出市中心，这种城市建设的反复使城市在教育、医疗和交通方面都付出了高昂的代价，甚至反过来又造成了城区的"空心化"，带来了"空心化"的问题。

因此，特大城市是不能臆造的。那么为什么不能使特大城市无限度扩张呢？这其中有土地和水的紧张、交通拥堵、房价高企、学校和医院不能满足需求等多种原因。但是，其中最难解决的是水问题，或者说是制约城市无限度扩张的"木桶"的短板。因为土地可以靠占田来扩张，交通可以建路和限车，房价可以设法调控，学校和医院可以通过调动资源来扩建，尽管这些都不是好的办法，但还是可以解决的。

唯独水资源紧缺是最难解决的，因为水资源是难以再生（主要是地下水）的资源，又是跨流域难以长距离调配的资源。更为重要的是，水是城市这个人工生态系统叠加在地域这个自然生态系统之上的主支撑，水生态系统由于人口过度膨胀而撑不住了，城市这个人工生态系统会像建在沙滩上的楼阁一样而轰然倒塌。历史上不乏这种先例，如墨西哥的特奥蒂华坎（即古墨西哥城）以及我国丝绸之路上的楼兰和尼雅等多个城市。所以，只有"以水定人"才能保证城市可持续发展。2010 年世界城市水资源状况比较如表 2-1 所列。

表 2-1　2010 年世界城市水资源状况比较

城　市	面积/平方公里	人口/万人	年可用水资源总量/亿立方米	人均水资源量/立方米
东京	2 161.0	1 299	317.1	2 441.1
伦敦	1 572.1	786	91.8	1 167.9
巴黎	1 451.8	1 184	94.3	796.45
纽约	1 214.4	1 938	153.3	791.02
北京	16 807.8	1 755	35.5	202.3

水可以解墨西哥印第安文化兴衰之谜。

美洲印第安人的文化几起几落，后来居然会不明原因地突然消失，至今在国际史学界还是一个谜。通过对墨西哥的考察，至少可以对墨西哥谷地印第安文明的突然消失给出一种解释。

考古证据表明，早在公元前的 1200 年，奥尔梅克文明就在今墨西哥的维拉克鲁斯州南部和塔巴斯科州沿海地区兴起，公元前 8—5 世纪达到全盛，以巨石人头像为特征，在公元前 4 世纪突然消失。

公元 1 世纪，印第安人在墨西哥谷地于今墨西哥城北仅 40 余公里的古特斯科科湖畔建立了特奥蒂华坎城，于公元 400—600 年达到全盛，人口约 20 万，是古代美洲最大的城市，以至今保留的太阳和月亮金字塔著称于世。太阳金字塔建于公元 1 世纪，比万里长城稍迟，高 65 米，底面 225 米×225 米，只比埃及金字塔略小，是古代的几大奇迹之一。但是，到公元750年，20多万人的世界大城竟被完全废弃（当时有外族入侵）。

由于外族的入侵而将20万人的大城完全废弃，在历史上一直是个谜。作者一直有几个疑问：一是在当时荒凉的美洲，是一个什么样的经济文化发达的强大异族能够完完全全地毁灭一座有20万人口的大城，这没有考古的历史证据。二是这个强大的异族为什么不完全占领和继续利用这座城市呢？这在世界历史上是几乎没有的，成吉思汗远征欧洲，虽然火烧过城市，但这些城市都没有完全被废弃，还在继续利用。

作者考察过墨西哥城的水资源状况后得出一种解释。当时的异族入侵的确给城市以很大的破坏，但却不是城市被完全废弃的原因。真正的原因是与外族入侵同来的连年大旱，使得古特斯科科湖干涸，由于城市规模太大，浅层地下水也近于被采枯竭，而当时的特奥蒂华坎人和外来异族都没有铁器，无法打深井，因此人们不得不放弃这座巨大的城市。作者登上了65米高的太阳金字塔，鸟瞰周围，目前已是荒原一片，没有河流，更没有湖泊。

特奥蒂华坎城本来建于湖中，1325年来自西北部的阿兹克特人进入墨西哥谷地，在特斯科科湖中建立起特诺奇蒂特兰城，并建立了王国。在墨西哥城人类学博物馆中，一幅描绘当年的地图清楚地表明，湖泊已大大缩小，只剩南部一隅。1521年西班牙人科尔特斯（1485—1547）率殖民军经过3个月的围攻，攻陷了特诺奇蒂特兰城，其中被攻陷的问题可能仍出在水源上，科尔特斯有14门炮，可以封锁任何出来取水的人。

墨西哥城著名的三种文化广场，其中的阿兹克特文化建筑就是一座求雨的祀坛，在1450—1455年的大旱中向上苍乞水。据记载，那次大旱又几乎使特奥蒂华坎城陷于绝境。

今天墨西哥城中的特斯科科湖早已荡然无存，墨西哥城的用水主要靠不断过量地抽取地下水，近 70 年间，三城区和近郊区平均下沉了 7.5 米，最多处达 40 米，充分说明了水源紧张的问题。

作者认真参观了世界著名的墨西哥城古人类学博物馆，印第安人虽有较高度发展的文化和精美的金银铜工艺品，可以雕高达 8.5 米、重 167 吨的人头石像，但一直到欧洲人入侵前还没有铁器，不会炼铁，因此无法打深井。所以遇到大旱时，地表水无法支撑 20 万人口的用水，几年之内只能弃城疏散返回森林。

同时，这也是自墨西哥城建城仅 380 年，估计超承载力用水仅几十年的时间，地面就沉降 7.5 米之多，而以前印第安人在这里生活了近千年地面都没有沉降的原因，就是因为印第安人没有铁器无法打深井去取深层地下水。

反过来也说明，如果今天墨西哥城的城市再无限度扩大，其供水再通过这样饮鸩止渴地超采地下水，虽然新的城市废弃是不可能的，但是没有"以水定人"就没有资源上的水安全，也就没有城市安全，最终城市的规模不得不强制性地被缩小也是完全可能的。

什么是"以水定产"？为什么？
——推进新型城镇化

所谓"以水定产"就是以水定城市产业的发展方向和规模。缺水城市应着力发展高端和节水产业，其具体衡量指标就是单位 GDP 产出的用水。

吨水的 GDP 产出越高，城市的税收就越多，就能使城市有能力开辟新水源（如再生水的利用），以支持工农业和生活节水。同时解决因城市输水管网泄漏而造成的浪费，从而形成良性循环，建设节水型社会、节水型城市。

目前我国处于中高收入国家水平，因此城市的吨水 GDP 产出应与高收入国家的下限比较，以此作为产业的导向，同时也是衡量新型工业化的重要指标。原则上大城市应发展资源消耗少、附加值高、排污少的高新技术产业和较高层次的服务业。低端服务业虽然总体耗水不太高，但附加值低，污染排放大，在城市也应受到限制。

1. 首钢炼钢部分迁至曹妃甸的实例

炼钢是高耗水产业，为了节水，也为了转变北京的产业结构，2004 年作为作者主持制定的《21 世纪初期首都水资源可持续利用规划（2001—2005）》的延伸，提出首钢的炼钢部分迁至河北唐山曹妃甸的方案，作者还主持了《首钢炼钢厂东迁对曹妃甸当地的大气和水资源影响研究》的报告，实事求是地指出了首钢炼钢部分东迁曹妃甸的利弊。

2005 年 2 月 18 日，国家发改委下发了《关于首钢实施搬迁、结构调整和环境治理方案的批复》，批准首钢"按照循环经济的理念，结合首钢搬迁和唐山地区钢铁工业调整，在曹妃甸建设一个具有国际先进水平的钢铁联合企业"。2007 年 3 月 12 日，首钢京唐钢铁联合有限责任公司钢铁厂项目开工仪式隆重举行。

作者当年提出的高耗水企业迁出北京，在国家和北京市领导的高度重视和首钢领导的身体力行下成为现实，不但大量减少了北京的工业用水，而且同时起到了大量减少北京地区 CO_2 和 PM2.5 排放量的积极效果，大大减轻了石景山地区的雾霾天气，同时促进了首钢的炼钢部分迁至曹妃甸后实现循环经济模式。2013 年作者再到曹妃甸考察时，与接待的钢厂领导说："是我害得大家离开北京到曹妃甸来了。"负责人实事求是地回答："真不能说'害'，还是利大，不少人因此不下岗，而且工资提高了。家是照顾得少了，但每周定期有接送班车回家还是很方便的。"

2. 以万元 GDP 的用水量为城市定产

"以水定产"要有数量标准才能作为政策执行。什么是特大城市以水定产、推进新型工业化的数量标准呢？我国的特大城市都要成为国际大都市，因此要在万元 GDP 的用水量上进行国际比较，如表 2－2 所列。

表 2－2　万元 GDP 用水量国际比较

地　区	水资源 使用量 /亿立方米	GDP /亿美元	GDP /亿元人民币 （＄1＝￥6.5）	万元 GDP 用水量 /立方米
世界（2007）	37 653	545 837.88	3 547 946.22	106.1
低收入国家（2007）	3 573	8 013.82	52 089.83	685.9
中等收入国家（2007）	25 182	134 900.34	876 852.21	287.2
欧元区国家（2007）	2 000	122 776.25	798 045.625	25.1
西班牙（2007）	356	14 368.91	93 397.915	38.1
英国（2007）	95	27 720.24	180 181.56	5.3

地 区	水资源使用量/亿立方米	GDP/亿美元	GDP/亿元人民币（$1=￥6.5）	万元 GDP 用水量/立方米
德国（2007）	471	33 173.65	215 628.725	21.8
法国（2007）	400	25 898.39	168 339.535	23.8
意大利（2007）	444	21 016.37	136 606.405	32.5
美国（2007）	4 793	137 514	893 841	53.6
日本（2007）	884	43 842.55	284 976.575	31.0
波兰（2007）	162	4 220.9	27 435.85	59.0
以色列（2007）	20	1 639.57	10 657.205	18.8
阿联酋（2007）	40	1 632.96	10 614.24	37.7
韩国（2007）	186	9 697.95	63 036.675	29.5
中国（2007）	5 818.7	40 893.89	265 810.3	218.9
中国（2009）	5 965.2	52 385.68	340 506.9	175.2
中国（2012）	6141.8	82 324.90	519 470.10	118.2
北京（2012）	35.9	2 833.50	17 879.40	20.1
上海（2012）	87.0	3 198.37	20 181.72	43.1
天津（2012）	23.1	2 043.40	12 893.88	17.9
广州（2012）	69.04	2 147.58	13 551.21	50.9
深圳（2012）	19.43	2 052.31	12 950.06	15.0

从表 2 - 2 可以看出：

① 我国由于产业结构的调整和用水效率的提高，万元 GDP 的用水量连年下降，2012 年已比 2007 年下降了 46%。从低收入国家

的水平，上升到中高收入国家的水平，大城市以水定产一定要保持这一趋势。

② 我国的特大城市，农业用水少，在万元 GDP 用水上可能，也应该与发达和缺水国家比较（各国的万元 GDP 用水量都被农业用水拉高）。我国五大城市的北京、上海、天津、广州和深圳的万元 GDP 用水的平均值是 29.4 立方米，与韩国、日本和意大利相当，而高于德国、法国和欧元区的水平。因此，以上五个特大城市的产业结构调整、产业发展方向和产业准入应以 20～40 立方米/万元GDP 为红线，上海和广州等丰水地区可就高，而北京和天津等缺水地区应就低。

因此，没有"以水定产"，就不能从经济发展上保证水安全，从而难以保证城市的经济安全，也就无法实现新型工业化。

什么是居民监督节水、宜居城市的水标准？
——以人为本

"以水定城"、"以水定地"、"以水定人"和"以水定产"都是为了人，为了城市的居民。如果做到了以水的"四定"，就是给城市居民建设一个节水——水资源供需平衡、宜居——绿水青城的好的水环境。那么城市居民如何来衡量自己居住的水环境呢？什么是节水、宜居城市的标准呢？标准制定的宗旨是以人为本。

1. 良好的城市水系

自古西方就向往意大利的威尼斯和荷兰的戴尔夫特等水城，并以此为荣耀。我国也向往苏州和杭州的"小桥流水人家"，以那里为生活梦想的桃源。在现代城市中，水系同样重要，而且由于城市存在大气污染和嘈杂喧闹，因此甚至变得更为重要。

目前在我国城市，尤其是北方城市中，摩天大楼和多重环路都不比纽约、巴黎和伦敦的差，但我国城中的水与纽约的哈德逊河水系、伦敦的泰晤士河水系和巴黎的塞纳河水系比起来，差距就太大了。许多北方城市已经没有流动的河流，而仅靠橡胶坝维持河中有水，实际上水几乎不流。许多 80、90 和 00 后已经不知道什么是"河"，认为河就是"长条湖"。城市水系有如人的血脉，"六环、七环不如一个水环"怕成为了广大市民的心声。在北京"千顷碧波变生态，三环清水绕京城"，对居民来说可能比专家设想的大外环更重要，更是广大居民的"城市梦"。居民要"看得见山，看得见水，记得起乡愁"。

2. 优质的自来水

西方的大多数城市都使自来水的品质达到了优质，因此可以直接饮用——直饮，我国还没有一个城市能够做到。虽然对于中国的大城市在近期是否要做到自来水直饮还没有达成共识，但这已是世界的潮流，应该成为我国国际大都市的发展方向。

至少，要保证优质的自来水，要保护好饮用水源地，尤其是地下水源地。对地表水源地要实行全封闭管理，饮用水源地的水质一定要达标，否则单靠自来水厂进行处理是不科学的。真正的自来水合格指标体系十分庞大，因此极易顾此失彼而难以保证自来水的质量，最好的办法是保证入自来水厂的原水质量，而不是靠自来水厂的处理，这是国际的共识。同时，要把饮用水实发事故降到最低，并制定法规实行追责制。

3. 居民监督节水、宜居城市的水标准

为了一目了然，把居民监督节水、宜居城市的水标准列成表，如表 2-3 所列。

表 2-3　居民监督节水、宜居城市的水标准（北京）

	指标名称	单　位	指　标	指标性质
水资源指标	单位 GDP 新鲜水耗	立方米/万元	<30	指导性
	工业用水重复利用率	%	>65	指导性
	农田灌溉水有效利用系数	—	>0.55	指导性
	再生水回用率	%	>50	指导性
	污水处理率	%	>80	约束性
生态修复指标	人均公共绿地	平方米/人	>15	指导性
	林木覆盖率	%	>20（平原）	指导性
	人均水面面积	平方米/人	>3	指导性
	大气中可吸入颗粒物水平	毫克/立方米	<0.10	约束性

只有提高用水效率，少用水，才能保证城市水资源供需平衡，减轻污水处理的负担，留出生态水，也才可能有好的水环境。

人均公共绿地和水面面积要根据城市的具体情况因地制宜，但只有保证最基本的绿地和水面，宜居城市才不是一句空话。

表 2-3 中的人均水面面积，对于河流水面应将水的流速乘以 2~5 的流动系数来计算，因为流动水面的水生态功能大大强于静止水面的水生态功能。

为什么城市水资源要由水务局统一管理？
——特别需要合理安排生产、生活和生态用水

联合国组织近年一再强调大城市水资源是世界水资源问题中的重点，而管理又是城市水资源问题的核心。我国京津沪三大直辖市都是缺水地区，北京属资源型缺水地区，北京人均水资源量（包括外来）不足 200 立方米；上海属水质型缺水地区，但人均水自产资源也不足 200 立方米；天津人均水资源仅 153 立方米，都属于极度缺水。三大直辖市地域狭小，仅是河流流域的一部分都要依靠外来水源。北京、天津周边地区的水资源都十分紧缺；上海境内虽有滚滚长江水流过，但水质取决于上游，水质型缺水问题已很严重。要想解决京津沪协同的可持续发展的水资源保障问题，建立以流域统一管理为指导思想的水务局城市水务管理体制，从而在城市中实现从工程水利向资源水利转变是当务之急。

1. 城市为什么要用水务局体制统一管水

水务局就是一个在城市区划内进行防洪、水资源供需平衡和水生态环境保护的城乡统一管理体制的执行机构。国际上普遍认为，现代城市要建立统一管理的道路网、电力网、绿网、水网和信息网五大网络，水网是至关重要的一环。这种管理体制的科学基础是：水生态系统是以流域为基础的系统管理。发达国家的城市大多建立这种机构来管理城市的水资源，并取得了好的实践效果，例如巴黎对水事务的统一管理被认为是世界上最好的，得到了联合国的肯定和推荐。

（1）城市区域不是流域，为什么要由水务局来管

目前国内外的城市区划不以流域为基础，而行政管理是以行政区划为基础的。所以，法国议会甚至讨论：过去的行政区划是考虑到战争，以河、山分界，今后应改为以流域分界。因此，在行政区划里尽可能大的范围内按流域统一管理水资源是现代资源系统工程管理的原则。

（2）为什么在城市区域内要城乡一体化统一管水

从未来趋势看，大城市区划内的城乡一体化是必然趋势，水是联系城乡的纽带，因此更要进行一体化管理。

从水资源系统来看，管水就是三件大事：防洪，保证水资源供需平衡，保护水生态系统。从这三件大事来看都需要城乡一体化的统一管理。

防洪显然需要城乡一体化管理。

当前城市范围不断扩大，与几十年前不同，北京、上海和天津的主要水源地都不再位于城区，仅从水源地保护和供水来看，只有实行城乡统一管理才能保证供需平衡。

城区地域狭窄，人口密集，不能构成科学的水生态系统，更谈不上生态平衡，因此必须城乡统一考虑。北京和上海的上游污染都触目惊心，如果上游的污染治理与本地的治理水平不在一个数量级上，显然是事倍功半，或者根本达不到目的。因此不仅要进行城乡一体化管理，还要在此基础上统一与上游省区协同修复水生态系统。

2. 目前大城市水资源管理的现状

当前，北京、上海和天津的水资源管理状况是："多龙管水，

政出多门"，如北京是水利局、地质矿产局、规划局、公用局、市政工程管理处和市环保局六龙管水，天津是水利局、公用局、市政局、地矿局和建委五龙管水；"水源地不管供水，供水的不管排水，排水的不管治污，治污的不管回用"；工作交叉，责任不清；政企不分，效益不佳。缺水由谁负责？水源和输水污染找谁？地面沉降如何解决？污水处理厂没有运行费怎么办？问题成堆，主要包括：

（1）多龙管水人为增加了市政管理的难度

有的城市往往一件事涉及几个部门，涉及两个主管口，一位副市长定不了，就得两位副市长协商，甚至要常务副市长或市长出面协调。同时，也无法实现现代化的水资源网络联合调度。

（2）没有人对供需平衡负责

表现在：

① 京津沪供水水源地（或流域集雨面积）主要在上游省区，多龙管水，谁负责与上游省区统一交涉保证水源的质与量，谁负责补足京津沪可持续发展的供水缺口（如北京到 2005 年遇一般枯水年就缺水 5.4 亿立方米）。

② 多龙管水难以统筹，产生一系列问题。如从防洪考虑当年当然是先弃水保安全，对于来年可能的大旱自然不是当务之急。

（3）难以真正节水

多龙管水实际上是政企不分，"卖水的自然想多卖"，"水价不到位，谁也不在乎跑冒滴漏"，谁也不会真正负责节水和中水回用。据调查，统一管理后，通过联合调度和厉行节约，北京每年至少可节约 4 亿立方米水，接近 2005 年的缺口；天津可节约 1 亿立方米水，正是 2001 年可能发生的急缺。

（4）无法有效控制污染

控制污染的基本原理是污染总量不能大于由江河湖库本身决定的纳污总量。而目前的纳污总量（是一个依赖于水量的变量）由水利部门定，排污总量（是一个依赖于生产周期的变量）由环保部门定，那么谁对枯水期排污高峰造成的水质急剧恶化负责。广东统筹规划，统一决策，建立了东深供水工程，在外部治理不达标的情况下再进行处理，目前给香港和深圳提供了合格用水，并取得很好的经济效益。

（5）无人负责河道污染积累和地面沉降等生态问题

目前的治理污染只考虑减少现有的污染量，那么谁对已经积累的本底污染和由此产生的二次污染（在发达国家已成为最重要的问题）负责呢？发达国家现在都被河湖清淤（如莱茵河）所需的巨额投资困扰，我们一定要防患于未然。由于地下水超采引起的地面沉降也是同样的问题，北京市地下水下降的漏斗面积不断扩大，漏斗中心已逼近东郊使馆区。天津塘沽的部分地区已低于海平面。这不是成立一个"控沉办"就能解决问题的，如果不统筹解决水资源供需平衡问题，局部超采地下水就难以避免。

（6）无法建立统一的管理法规

东京、巴黎和柏林的经验都证明，由于水资源分属于不同部门来管理，所以很难出台统一的水资源管理法规，以对生产、生活和生态用水进行合理安排。即使出台了，也因无执法主体而无法有效实施。

（7）无法定出合理的水价

目前各城市都在提水价。20 世纪 50—60 年代的巴黎与目前的北京、上海处于同一发展阶段，那时的巴黎，水价提高 10% 就节水

5%。但是究竟提多少？提价后各部门如何分配？谁保证在提价后给用户提供更好的水？不进行统一管理，这些问题都无法解决。市场要在配置资源上起决定性作用，不启动水价杠杆就无法发挥这个作用。

（8）部门之间的协调是成立城市水务局的难点

国外也曾发生过这种情况。水资源统一管理的基本初衷就是水资源是短缺资源，因此要像建在稀缺的土地资源上的道路网一样，必须统一管理，否则其结果必然是水资源短缺加剧而无人负责，制约社会经济发展。

（9）现有人员是否能担当水务局这一重任

国外同样也曾被这一问题困扰。这一问题可以通过人员重组、选拔、招聘、培训来解决，这个办法已经被国际经验所证明。

（10）尚没有现行法规供水务局执行

这一问题在国外也曾存在。这是一个鸡生蛋还是蛋孵鸡的问题，看来还得是水资源短缺先产生了水务局这只鸡，然后由它去生法规这个蛋。

3. 成立水务局管什么

成立水务局就是要对水资源实行统一管理，合理安排生产、生活和生态用水，保证城市经济可持续发展，保证水资源供需平衡，同时也保证维系水环境（包括抵御突变——防洪）和修复水生态系统。

（1）水务局的管理机制

在统一管理的前提下要建立三个补偿机制：谁耗费水量谁补

偿，谁污染水质谁补偿，谁破坏水生态系统谁补偿。同时，利用补偿建立三个恢复机制：保证水量的供需平衡，保证水质达到需求标准，保证水生态系统的承载能力。水务局就是这六个机制建设的执行者、运行的操作者和责任的承担者。

（2）水务局的职责

水务局是城市可持续发展和水资源保障的责任机构，是水资源相关法规的执行机构。自来水厂和污水处理厂等单位，可以是公用事业机构，也可以是水务局宏观调控的企业。水务局按资源系统工程的矩阵法（图 2 - 1）进行管理。

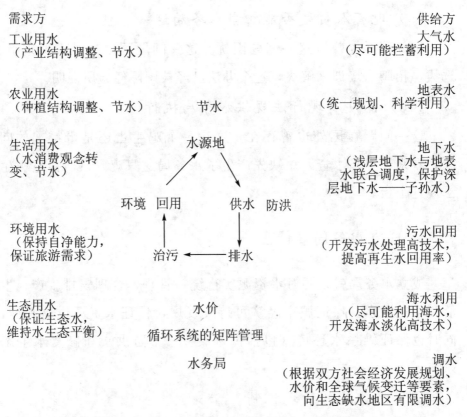

图 2 - 1 大城市水资源供需平衡系统

水务局局长对市长负责。其具体职责是：

① 水源地的建设与保护。负责本地水源地，尤其是饮用水水源地的建设与保护，负责监测上游供水的水质与水量，负责提出与上游水源地优势互补、共同可持续发展的方案。

② 供水（输水）的保证。负责市内输水沿线水质、水量的监测与保护，保证达到水质要求的水量进入自来水厂。

③ 排水的保证。保证城市排涝，保证污染物达标排放后进入河道或污水处理厂。排水是供水的延伸，供水和排水统一管理是现代化城市水管理的基本经验。

④ 污水处理。根据污染总量系统布局建立污水处理厂，充分利用、提供达标的再生水。提高污水利用率，使污水处理厂经济自持地运行。大力开发治污技术，尤其是生物治理等高技术。

⑤ 防洪。堤防建设达标，洪水年根据来年的水平衡综合考虑决定弃水量，还应考虑在保护水源地的前提下，提高水库的经济利用效率。

⑥ 水环境与生态。依据水功能区划分要求，保护水环境，对航运、旅游、养鱼等所有改变（破坏）水环境的活动，建立补偿恢复机制。

⑦ 节水。制定行业、生活与环境用水定额，使之逐步达到缺水国际大都市标准，大力开发节水技术，尤其是高技术。

⑧ 水资源论证与环境影响评价。对市内所有重大项目和工程进行水资源论证和水环境影响评价，然后据此发放取水许可证，对不达标的实行一票否决。

⑨ 水价。适时适度提出水价调整方案，做到优水优价，累进水价，不同用途不同价格。其中主要考虑水资源费、自来水厂成本利

润、节水投入、污水处理厂运行费用。以水价为杠杆调控水资源优化配置。

⑩ 依法行政。及时提出水资源管理的法规或条例草案，重点在于适度的罚则，经人大或政府批准后依法行政。

"水务局"是一种管理体制，能承担生产、生活和生态用水统一管理职能的实体就是水务局，形成"一龙管水，多龙治水"的局面才能法规配套，有法可依；执法明确，有法必依；机构合理，执法必严；具有权威，违法必究；责任到人，究办必力。具体的机构设置完全可以因地制宜。

自作者 1999 年提出水务局新的水管理体制方案以后，亲自主持制定了以上述内容为主的上海水务局成立方案，直至 2001 年上海水务局成立，后来又直接促进了哈尔滨、北京和西安等多个大城市水务局的成立。至 2004 年 9 月作者离任时，全国已有近一半城市建立了水务局，12 年来虽有所进展，但至今仍只过半，而且有些还不具备上述水务局的全面职能。

为什么要建青草沙水库？
——让上海人民喝上好水

2012 年上海青草沙水库的建成让上海人民喝上了好水。

1. 上海的自来水为什么没味了

上海是全国第一大城市，2013 年人口达 2 415.15 万，近年来城市范围不断扩大，人口还在增加。在 2012 年以前，到上海的人都知道，上海的自来水有较重的漂白粉味，2012 年以后突然没有了，为什么呢？

2012 年以前，上海城市的供水水源主要有黄浦江上游水源、长江口边滩水源、内河及地下深井淡水水源。自 20 世纪 80 年代以来，上海以开发利用的黄浦江上游水源为主。由于黄浦江处于太湖流域的下游，为敞开式河道直接取水，受上游污染影响，水质较差且不稳定。当时入上海自来水厂的原水基本为Ⅲ类，是可以制自来水的下限，因此要加剂处理，所以产生气味。而且，为了城市供水，上海在黄浦江上游的取水总量超过多年平均流量的 30%，已接近联合国教科文组织主持制定的 40% 的国际公认的警戒线。若进一步扩大黄浦江上游水源的取水规模，将导致上游水位降低，加剧中下游污水上溯，使水源水质更加恶化；同时可引起黄浦江河势变化，对黄浦江的水环境造成严重的破坏。因此，对黄浦江上游的取水总量还要控制，要适度利用。

上海附近有没有好水呢？像所有大城市一样，上海人口集中，工业发达，用水量大，但地域狭小，自产水资源量很小，主要靠过境水资源。而长江口的淡水资源丰沛，占上海过境水资源总量的 98.8%，且水体自净能力较强，尤其是长江入海段十分宽阔，距岸 3 公里以上的中心地带水质相对稳定，基本符合饮用水水源水质的要求。

2. 要不要建青草沙水库

具体设想是在长江中心建青草沙水库，但总投资要在百亿元以上。利用长江河道中间的优质水源，是关系上海民生和城市供水安全的"百年工程"，该设想于 1990 年提出，对于这一出奇的大胆设想，前 10 年基本处于讨论和准备阶段。

2000 年时，作者任全国节水办公室常务副主任、水利部水资源司司长，在上海主持制定建立上海水务局方案。水务局成立后，作者本着工程建设的第一使命是"以人为本"的知识经济理念，对上述设想予以支持。首先，在江心建水库的确在国际上都没有先例，困难可想而知，投资也巨大，但是上海人民要不要喝好水？要！那么在上海附近还有没有好水呢？如果有，我们就去那里，如果没有，再难再贵也要试一试；其次，水库可依长兴岛而建，只需建两个坝，这在工程上还是可能的；再次，岛两侧各有 3 公里左右宽的水道，不会影响航运；此外，水库在长江口的取水总量仅占多年入海最低流量的 0.4%，对河口生态系统仅有微扰动，从统计规律看没有生态影响；最后，的确淹没了长兴岛前沿湿地，但岛边浅滩很大，我们可以沿坝扩大建湿地，这对水库还起到净水的作用。因此该项工程进入实施轨道。

经过以俞正声书记为首的上海市委、市政府的直接领导，以市水务局局长张嘉毅为首的水务局职工 8 年的持续努力，于 2007 年开始建设。经过建设者 3 年半时间的努力，具备了通水条件并陆续投入使用，2011 年 9 月开始投入使用，让上海人民喝上了好水，2012 年竣工，青草沙水库每天供水 719 万立方米，受水水厂 16 座，受益人口超过 1 300 万，占上海市供水总量的 50% 以上，实现了"十一五"让上海市民喝上青草沙优质原水的目标，使上海人民喝上了好水，保证了饮用水安全——第一水安全。

3. 青草沙水源地原水工程规划与建设

青草沙水库依托距入海口 27 公里的位于江中心的长兴岛而建，总面积 66.26 平方公里，有效库容 4.38 亿立方米，咸潮期最高蓄水位 7.0 米，运行常水位 6.2 米。这样一个大型水库建在江心，在世界水库建设史上尚无先例，其决策是水利工程上的大胆创新。

规划青草沙水源地的供水范围包括杨浦区、虹口区、闸北区、黄浦区、卢湾区、静安区、长宁区、徐汇区、浦东新区和南汇区 10 个区的全部，以及宝山区、普陀区、崇明县、青浦区和闵行区 5 个区的部分地区。

2005 年 12 月 20—22 日，上海市水务局组织国内 9 个相关学科 26 位资深专家对上海市长江口水源地选址方案进行审查论证。审查意见认为，青草沙水源地研究成果符合相关规划，是目前上海市境内地表水水质最优、受周边污染影响风险较小、易于保护的水源地，研究提出的水库圈围工程、取水泵闸、输水泵站、过江管线、陆域输水管线及增压泵站等技术方案均基本可行，建议先行建设青草沙水源地工程。

经过 15 年的论证得出结论：青草沙水源地具有淡水资源丰沛、水质优良稳定、可供水量大、水源易保护、有利北港河势稳定、供水潜力巨大、防海水咸潮、抗风险能力强和规模效应明显等综合优势，符合上海城市发展总体布局，以及上海水源地"百年"战略要求，是上海新水源地的首选方案。

青草沙水源地工程建成后，可充分利用长江口青草沙水域优质充沛的淡水资源，北与长江陈行水库系统相连，南与黄浦江输水系统相接，互为补充和备用。

2006 年 1 月 20 日，建设青草沙水源地被正式纳入《上海市国民经济和社会发展第十一个五年规划纲要》。2007 年 6 月 5 日，青草沙水源地原水工程正式开工建设。《青草沙水源地原水工程规划》于 2010 年部分投入运营，2011 年 9 月开始供水，2012 年基本竣工，

2020 年达到设计规模。

4. 上海青草沙水源地工程的启示

上海的《青草沙水源地原水工程规划》是解决我国上海城市居民饮水的大规模民生工程，目前已对上海市的居民饮用水源的水量与水质起到了重大保障作用，可谓跨世纪的生态工程，其中有许多经验值得总结。

（1）工程分析"以人为本"是第一考虑

在一个工程规划的分析中要有施工条件、工程技术、经济成本和环境影响等多种考虑，但在这些考虑中，"以人为本"是第一位的，即对人所赖以生活的生态系统在一定周期内不产生大的扰动。上海人民以前的饮用水质是众所周知的，所以像这样能让上海人民喝上好水的工程是必须建设的。

（2）政界和学界都应积极支持有科学依据的工程创新设想

不修大坝和水库，而以节约用水、保护水源地和统一管理的组合生态工程等创新措施为主的《21 世纪初期首都水资源可持续利用规划（2001—2005)》，在被提出时就受到质疑。同样，直至 2000 年作者到上海时，《青草沙水源地原水工程规划》虽已提出 10 年，支持者不少，但也受到颇多质疑，还未进入实施阶段。的确，在江心修如此大型的水库在世界水库工程史上前所未有，工程难度很大。但上海市几届领导当年都坚定地支持了这一创新工程，使之进入实施程序。

（3）多学科综合研究，科学分析生态影响

对《青草沙水源地原水工程规划》的一大质疑是生态影响，对此要以多学科知识进行综合研究和定量的科学分析。

首先，青草沙水库年设计供水量为 719 万立方米/天，仅为长江入海流量的约 0.4%。实际上长江每年的入海流量都不相同，从统计规律看，0.4%完全在正常波动范围内，不至对入海生态系统有影响。

其次，长江在青草沙处十分宽阔，而本来就有崇明岛和长兴岛把长江分流，建库后，两边水道仍各有 3.5 公里，对航运与河口生态系统均不会有较大影响。

最后，工程包括在库前建人工湿地，使长兴岛浅滩生态系统只是西移，湿地并没有消失，反而有所扩大。

（4）水资源统一管理是办大事的保障

2000 年成立了涉水事务统一管理的上海市水务局，如果没有这样一个全面职能的水管理机构来主导，从统一规划、各方协调、统一监测和统一实施等各个方面来看，这样巨大的工程都是难以实施的。

北京能依赖跨流域调水继续扩张吗？
——人与自然和谐

城市地域狭小、用水量大，一般都不能以自产水资源达到供需平衡，所以要利用上游水资源，一般称"过境水"，学术上称"客水"，这是在同一流域内的水资源配置，在水科学上不是"调水"。调水是指跨流域的水资源配置，大城市多缺水，人们自然想到要调水。我们说"人与自然和谐"就是人在利用自然资源时尽量不要对自然生态系统产生大的扰动，与开采煤、铁和石油不同，跨流域调水即大规模移动水这种自然生态系统的基础性资源，就是对自然生态系统的大扰动，这比在本流域修水库严重得多，其许多后果是

10 年、20 年都无法明显看到的，但几十年后将影响深远并持续，所以一定要慎之又慎。以下仅以南水北调中线到北京的跨流域调水的实地考察来说明这个问题。

1. 调水的标准与原则

原则上可以向自然水生态不平衡的、人类聚居的生态系统，即水资源总量折合地表径流深小于 150 毫米的地区调水；也可以向水资源总量减去居民最低耗水量（300 立方米×居民总数）后，折合地表径流深小于 150 毫米的人口密集区如城市调水。

科学调水应综合考虑调出地区人均水资源量需高于 1 700/2 000 立方米的警戒线，调水量为调出生态系统水资源总量 10％左右较为适宜，最多不应高于 20％。南水北调必须"先节水，后调水；先治污，后通水。"在节水到位、治污到位、生态考虑到位、水价到位四到位的前提下，精心设计，科学选比，尽早确定方案，尽快付诸实施。

对于区域水资源量仅能维持原始自然生态平衡，且经过人类几千年经济活动已形成巨大人口压力的地区，只靠节水是不行的，也应考虑调水。根据上面的分析，调水的原则如下：

① 对水资源不能维持自然生态平衡或因历史形成的人口压力使水资源不能维持生态平衡的地区，应该调水。更为重要的是，不要再人为制造新的这类地区。

② 科学系统地分析调出水量地区水资源的自然生态平衡，分析因调水可能发生的变化。同时应考虑这些地区未来人口增长与经济发展的需求，不要拆东墙补西墙。

③ 调水与否的最重要判据之一是该地区水价能否提高到拟调来

水的水价。

④ 科学地分析目前日益明显的全球气候变迁，保证在足够长的时期内有水可调。

⑤ 考虑调入地区在雨季或水灾时调水的去处，以及沿途保护水质的代价等因素。

⑥ 科学分析、比较调水和进一步节水的经济效益，如调水水价是否能被调入地区所承受（即便工程由国家投入，水价起码应能保证工程可经济自持地运行）。

只有对上述因素及工程、地质等诸因素进行全面的系统分析，才能形成调水的科学决策。

2. 北京能依赖"南水北调"吗？

南水北调目前已是解决北京水源问题的最重要依赖，不仅官方这样考虑，百姓也人人皆知，南水北调（中线）持续解决北京水源问题的能力是值得特别认真研究的问题。

南水北调自新中国成立后已由各界提出了半个世纪，在水利界争论颇大，作者上任之初的主流意见是北京的水问题可以通过节水解决，不必调水。作者经过对北京及周边地区的详细考察后，得出如下结论：

（1）由于经济社会迅速发展，在短期内仅靠节水已不能解决北京水问题

北京在新中国成立前一直处于重度缺水线以下。新中国成立以来工业迅速发展，农业用水增加，服务业用水增加，居民生活卫生设备大幅度增加，用水急剧上升，更重要的是人口大量增加。

1953 年北京市常住人口 276.8 万，到 1998 年制定《21 世纪初期首都水资源可持续利用规划（2001—2005）》前人口为 1 245.6 万，加上流动人口折合的用水人口 1 500 万以上，人均水资源量（包括通过密云和官厅水库引入的外来水源）已降到 300 立方米的保障可持续发展最低标准以下。因此北京通过节水已不能解决问题，而且较大的节水能力也要经过 5～10 年才能建成（取决于投入）。

（2）在本流域已无法满足北京的水需求

新中国成立以来，尤其是 1958 年以后的经济社会发展以来，北京实际是靠密云和官厅两大水库引入本流域（海河流域）的外来水源。表 2－4 为近十年北京的供水及外来水源的概况。

表 2－4　2001—2011 年北京供水引入外来水源的情况

年　份	2001	2002	2003	2004	2005	2006	2007	2008	2009	2010	2011
本市水资源量/亿立方米	19.2	16.1	18.4	21.4	23.2	22.1	23.8	34.2	21.8	23.1	26.8
供水总量/亿立方米	38.9	34.6	35.8	34.6	34.5	34.3	34.8	35.1	35.5	35.2	36.0
供水总量中再生水供水/亿立方米	—	—	—	2.60	3.60	4.95	6.00	6.50	6.80	7.03
入境水量/亿立方米	2.05	2.60	4.18	6.23	4.59	4.25	3.45	5.35	3.03	4.33	5.82
调入水量/亿立方米	—	—	0.33	0.56	0.75	0.30	0.31	1.17	2.78	3.12	2.98

从表 2 - 4 中可以看出，除了 2008 年北京地域丰水、引入外来水源在水库存蓄外，11 年上游入境水平均为 4.17 亿立方米，而且 2003—2008 年的 5 年间年均客水量平均值为 0.45 亿立方米，后 4 年年均外来水量（包括调水）为 7.15 亿立方米。通过对上游河北承德和张家口、山西大同和朔州水源地 10 年来的连续监测，由于当地的社会经济发展，因此上游水源向北京供水量递减的趋势不可逆转，在 2012—2020 年间保证 10 亿立方米/年的供水量已是最理想的状况。在制定《21 世纪初期首都水资源可持续利用规划（2001—2005）》时已科学地预测北京的水源不可能依靠本流域上游客水的增加来解决。至今的实际情况证明了这一科学预测。

3. 南水北调水源区域的现状

2012 年 10 月作者赴丹江口对源头再次做了详细考察。

（1）调出区水资源现状

从流域多年平均降雨量看，已从 897.2 毫米降至 873.0 毫米，近 10 年平均至少为 752 毫米，下降了 14%，地表水资源量为 568 亿立方米，减少了 4%，属枯年，但尚在统计规律波动范围内，可作为今后预测的水平周期。也就是说，到 2020 年流域降雨量和水资源量都将略减。

同时汉江流域人口增长，人均水资源总量（包括地下水）已从 2002 年的 1 700 立方米降为 1 470 立方米，降幅为 13.5%。预计到 2020 年仍会有 10% 以上的降幅，即 1 300 立方米/人，接近重度缺水。

要想保证水质，必须有一定的水量，质和量是不可分的，水量是根本。2010 年汉江流域废污水排放总量为 21.2 亿立方米，为水资源总量的 3.6％，即污净比为 1/28，较水生态系统自净能力的 1/40 高出 44％。也就是说，要减排污水 6.6 亿立方米，或在全流域至少建 180 万吨/日（6.6 亿立方米/年）处理能力的污水处理厂；否则水源地的水质不能保证。

（2）南水北调水源汉江流域水资源现状及预测

调水不能依赖于外界的主观判断，而要取决于自然条件，取决于人民的需求，并且以科学标准计算，如习近平总书记所说，"人民期盼更好、更舒适的居住条件，更优美的环境，期盼孩子们能成长得更好。"这也取决于水质、水量和水环境，所以必须进行科学的研究。

汉江干流长 1 577 公里，流域 15.9 万平方公里，多年平均降雨量为 873 毫米。至 2010 年，水资源总量多年平均为 582 亿立方米，人均 1 640 立方米（3 550 万人）。到 2020 年，预计人均水资源量将下降到 1 470 立方米，已由中度缺水的上限跌至中线，水资源总量折合地表径流深为 180 毫米，已较 10 年前 2002 年制定规划时下降了 5％以上；水质除丹江口水库保护较好外，整体已有所下降。供水主区汉江流域的水资源状况如表 2－5 所列，经济社会指标如表 2－6 所列。

表 2－5　2012 年供水主区汉江流域水资源状况

供水地区	地表水资源量/亿立方米	占流域比/％	人均水资源量/立方米	地表径流深/毫米	用水/亿立方米	用水占水资源量/％
陕西部分	198.1	69.0	2 128	223.8	25.4	12.8
湖北部分	132.2	29.4	1 411	305.0	38.4	29.0

表 2-6　供水主区汉江流域 2011 年经济社会指标

供水地区	GDP /亿元	总人口 /万人	城镇人口 /万人	城镇化 率/%	万元 GDP 水耗/吨
陕西部分	1 275.2	832.8	275.7	33	50.3
湖北部分	8 506.2	1 984.6	1 172.5	59	45.1

表 2-7 为供水主区汉江流域到 2020 年的情况。

表 2-7　供水主区汉江流域 2020 年基本状况预测

供水地区	水资源量 /亿立方米	人均水 资源量 /立方米	GDP /亿元	人口 /万人	人均 GDP /万元	用水总量 /亿立方米
陕西	198.1	2 300.1	~2 550	861.0	2.96	50.8
湖北	132.2	639.5	~17 010	2 064.0	8.24	76.8
全流域	330.3	1 128.2	~19 560	2 925.0	6.67	127.6

如果按 2012 年的水平，万元 GDP 水耗为 47 吨，到 2020 年供水将翻一番，增至 127.6 亿立方米，则该地区北调的水最低减少 60 亿立方米以上，严重影响了调水。如果要做到每年万元 GDP 水耗下降 8%，则需要做产业结构的大改变，这已超过"十二五"的要求，需要另有投入。

（3）引江济汉的现状与可能性

引长江水入汉水，增加汉水向北京调水能力的可能性分析如下：

长江多年平均径流量为 9 780 亿立方米/年，按 1/40 的水生态系统自然降解净污比，长江对达标排放污水的自净能力为 244.5 亿立方米。但实际上，2009 年长江全流域排放的污水已达 330 亿吨，占全国污水排放量的 1/2 以上，超量 35%，即 1/3 以上。因此，是否再从长江大量引水将决定着长江是否还能保持为一条基本健康的河流，依旧是一条"美丽长江"的命运。

目前长江污染的后果已十分严重，长江中下游湖泊中最常见的是蓝藻暴发，2007 年 5 月，太湖大规模蓝藻暴发，影响无锡 200 万人饮水。长江流域水环境监测网对长江流域主要湖泊的监测结果表明：2007 年，除长江上游的泸沽湖和邛海水质较好外，滇池 70% 以上为劣 V 类，已是重度富营养化；巢湖、太湖等基本都处于劣 IV 类或以下。

今年再次发生的江苏靖江自来水水源污染的事故都证明了这个问题。

长江在收纳裹挟了 6 300 多公里江段的污水之后，长江口污染同步加剧。赤潮成为一个最显著的标志。最近 10 年，长江口及邻近海域的赤潮有向近岸和河口内湾逼近之势。长江口的入海水质还将直接影响刚刚建成的上海青草沙水库的水质，影响到刚喝上好水的上海人民的饮水。

1）2020 年以前向长江的排污总量还将有较大幅度的增长

从多方面分析，在 2020 年前向长江的排污还将有较大幅度的增长：

① 为达到 GDP 翻一番，在现经济发展阶段，排污量还会大幅增加。

② 目前的排污量主要是点源监测，对于面源监测不足，随着监测点的增加和监测技术的提高，对长江排污量的监测数据还会增加。

③ 长江本身的内源污染已经积累到一定程度，根据泰晤士河与莱茵河的经验，将在 2020 年前后（即近半个世纪以后）有较大爆发。

④ 投资近万亿的 7 000 多个化工石化建设项目占现有化工企业的 1/3，60％以上集中在长江流域。

2）在南水北调规划确立后，长江已建和即将建成的取水和水利工程

在南水北调规划确立后，长江新建了三峡和青草沙两大取水工程，减少了长江的径流量。

① 三峡工程。三峡水库库容 393 亿立方米，防洪库容 221.5 亿立方米，水源均来自长江流域。

② 上海青草沙江心水库。该工程已于 2011 年建成并运行，供水规模 226.5 亿立方米/年，均取自长江。

③ 南水北调东线工程。该工程已于 2013 年建成，设计能力是向北方调水 148 亿立方米，水源均取自长江。

以上三大项工程从长江年取水 550 亿立方米，致使长江丧失部分自净能力，现长江的自净能力已降至 230.7 亿立方米/年，排污超自净能力已达 44％，远远超过±15％的按统计规律可浮动的标准，长江将成为一条病态河流的危险临近。

④ 在长江上游建设的大量水电站也降低了水的流速，改变了水环境，削弱了水生态系统的自净能力。

3）结　论

由此可见，长江的自净能力已严重不足，长江即将成为"病态"河流。为了保住我国仅有的几条自然健康河流，尤其是最大的长江，不能再从长江大规模引水了。要知道，每引出 1 亿立方米的

水，都应按上述标准建设相应的二级污水处理厂，这既需要大笔投入，又占地耗电，而且在经济上也是不合理的。

因此，引江济汉的南水北调中线调水量应基本保持在原二期15亿立方米/年，不超过原三期规划的 32 亿立方米/年的水平，这些水主要用于保证枯年145亿立方米/年的调水量，同时必须采取维护长江健康的措施。对北京的南水北调必须按照国务院批准的《21世纪初期首都水资源可持续利用规划（2001—2005）》中的中线水到京 10.5 亿立方米的有限调水来执行，任何增加都必须充分调研，重新论证，并获得国务院的批准，否则可能产生负面效应。

以上还只是分析了南水北调水源量的问题。其他问题还包括：源头与北京气候相似很可能出现同枯同丰问题，即枯水年水下来无保证，丰水年北京不要水；近 1 300 公里的明渠调水，输水的质量难以保证。国际经验表明，其他大规模跨流域调水都有这样和那样的问题，所以跨流域调水是不得已的办法，要慎之又慎。

4. 第一产业对水资源的合理需求——虚拟调水的新建议

我国的水资源形势是南多北少，占全国人口41.7％的北方15省市区的水资源，仅占全国水资源总量的 19.4％，北方 15 省市区的人均占有量仅及南方 16 省市区的1/3，所以在中国历史上从来是南粮北调。近百年来，由于各种原因改变了这个传统：北方扩大粮区占用牧区，粮区缺水；牧区移向半荒漠地区，牧区荒漠化；不能因地制宜，粮区、牧区生产效率都较低；形成恶性的生态循环；没有尊重自然规律。以现在的国家经济实力，已经有可能按水资源分布的自然条件来调整粮食生产的布局。可以实行北方生产基本口粮、南方保证全国粮食储备的政策，即通过调粮（建立储备可以不每年调配）来虚拟调水，从南方向北方进行非工程的生态型调水。

近5年来，我国粮食年产量平均约为4.5亿吨，以12.56亿人计，人均358千克，不但满足需求，而且可以建立一定的粮食储备。到2010年，我国人口以年均增长6.5‰，9年增长6%计，总人口将达到13.53亿，从实践来看，以380千克/人的标准保证粮食安全比较合理，粮食总产量应为5.14亿吨。

近5年来，我国北方15省市区的粮食总产量平均为2.14亿吨，农业用水为1 800亿立方米，吨粮农业用水为841立方米（包括经济作物与林牧副渔用水，其中吨粮灌溉用水约530立方米），人均粮食产量已达402千克，用水1 134亿立方米。

到2010年，北方15省市区人口约为56 400万人（年均增长6.5‰），由于北方缺水，北方粮食安全限以每年360千克/人为宜（即南方粮食安全限为395千克，在满足当地需求的前提下，为北方生产储备粮），在保证合理种植结构的前提下，北方粮食总产量应为2.03亿吨；同时，灌溉水有效利用系数从2001年的0.43提高到2010年的0.50是可以实现的。

通过调整粮食安全目标和灌溉节水，生产2.03亿吨粮食的农业用水可以减少到1 460亿立方米。在北方，不但可以压缩耗水作物种植面积，节约用水，还可以退农还牧，退牧还草，科学利用土地资源，提高土地利用效率，增加农牧民的收入。在南方，则可以充分利用水资源和单产较高的传统农业技术。在南方和北方，调整粮食安全目标都可以通过调整价格杠杆的方式来实现。

参考文献

[1] 吴季松.中国可以不缺水[M].北京:北京出版社,2005.

[2] 吴季松.现代水资源管理概论[M].北京:中国水利水电出版社,2002.

[3] 吴季松.水资源及其管理的研究与应用——以水资源的可持续利用保障可持续发展[M].北京:中国水利水电出版社,2000.

[4] 吴季松.百国考察甘省实践生态修复——兼论生态工业园建设[M].北京:北京航空航天大学出版社,2009.

[5] 北京市水利局,水利部水资源司.21世纪初期(2001—2005年)首都水资源可持续利用规划资料汇编[M].北京:地质出版社,2001.

[6] 吴季松.让全国人民喝上好水[N].科技日报,2008-09-04(12).

[7] 吴季松.新型城镇化的顶层设计、路线图和时间表——百国城镇化实地考察[M].北京:北京航空航天大学出版社,2013.

[8] 吴季松.创新的美国·美洲[M].北京:北京出版社,2003.

[9] 吴季松.欧洲的循环经济与北非的水[M].北京:中国发展出版社,2007.

[10] 吴季松.西亚和南亚的可持续发展[M].北京:中国发展出版社,2007.

[11] 吴季松.东亚的生态系统[M].北京:中国发展出版社,2007.

[12] 吴季松.非洲的自然资源[M].北京:中国发展出版社,2007.

[13] 吴季松.美洲和大洋洲的自然资源管理[M].北京:中国发展出版社,2007.

[14] 吴季松.从世界看台湾[M].2版.北京:清华大学出版社,2007.

[15] 吴季松.世界草原与海岛考察[M].北京:北京航空航天大学出版社,2009.

[16] 吴季松.世界的极地与沙漠生态考察[M].北京:北京航空航天大学出版社,2009.

[17] 吴季松.亲历申奥[M].北京:京华出版社,2001.

[18] 吴季松.重归前三名——写在北京奥运之前[M].北京:清华大学出版社,2008.

[19] 吴季松.知识经济——21世纪社会的新趋势[M].北京:北京科学技术出版社,1998.

[20] 吴季松.知识经济学[M].北京:首都经济贸易大学出版社,2007.

[21] 吴季松.中国经济发展模式[M].北京:北京航空航天大学出版社,2012.

[22] 吴季松.1984—2000我的知识经济及其管理研究——从巴黎到北京[M].北京:北京科学技术出版社,2000.

[23] 吴季松.循环经济[M].北京:北京出版社,2003.

[24] 吴季松.新循环经济学[M].北京:清华大学出版社,2005.

[25] 吴季松.循环经济概论[M].北京:北京航空航天大学出版社,2008.

[26] Wu Jisong. Recycle Economy[M]. Bologna, Italy: Effeelle, 2006.

[27] 叶文虎,吴季松."循环经济与中国可持续发展研究"系列丛书[M].北京:新华出版社,2006.

[28] 吴季松.机制创新、矩阵管理和发展知识经济[N].光明日报,1998-4-7.

[29] 吴季松.创新是知识经济的不尽资源[N].北京日报,1998-4-20.

[30] 吴季松.一种新经济学的提出——新循环经济学[J].公共行政学报(台湾政治大学),2006(3).

[31] 吴季松.新经济学的理论系统及其实践体系[N].科技日报,2009-10-11(2).

[32] 吴季松.以科学发展观正确认识、利用和创新GDP核算[N].科技日报,2010-6-2.

[33] 吴季松.知识经济——经济发展方式转变的根本动力[N].科技日报,2010-8-18.

[34] 吴季松.新时期新格局中北京的发展[N].北京日报,2014-3-17.

[35] 吴季松.JET注入线的研制(法文)[J].法国原子能委员会会报,1979.

[36] 中华人民共和国国家统计局.中国统计年鉴2010[M].北京:中国统计出版社,2010.

[37] 中华人民共和国国家统计局.中国统计年鉴2011[M].北京:中国统计出

版社,2011.

[38] 中华人民共和国国家统计局.中国统计年鉴 2012[M].北京:中国统计出版社,2012.

[39] 中华人民共和国国家统计局.中国统计年鉴 2013[M].北京:中国统计出版社,2013.

[40] 北京市统计局,国家统计局北京调查总队.北京统计年鉴 2011[M].北京:中国统计出版社,2011.

[41] 北京市统计局,国家统计局北京调查总队.北京统计年鉴 2012[M].北京:中国统计出版社,2012.

[42] 北京市统计局,国家统计局北京调查总队.北京统计年鉴 2013[M].北京:中国统计出版社,2013.

[43] 中华人民共和国国家统计局.国际统计年鉴 2012[M].北京:中国统计出版社,2012.

[44] 世界银行.2010 年世界发展指标[M].北京:中国财政经济出版社,2010.

[45] 世界银行.2011 年世界发展指标[M].北京:中国财政经济出版社,2011.

[46] 世界银行.2012 年世界发展指标[M].北京:中国财政经济出版社,2012.

[47] 世界银行.2013 年世界发展指标[M].北京:中国财政经济出版社,2013.

[48] 徐乾清.中国水利百科全书:水文与水资源分册[M].北京:中国水利水电出版社,2004.

[49] 中华人民共和国水利部.2010 中国水资源公报[M].北京:中国水利水电出版社,2010.

[50] 中华人民共和国水利部.2011 中国水资源公报[M].北京:中国水利水电出版社,2011.

[51] 中华人民共和国水利部.2012 中国水资源公报[M].北京:中国水利水电出版社,2012.

[52] 水利部淮河水利委员会,水利部海河水利委员会.南水北调东线工程规划(2001 年修订)简介[J].中国水利,2003,2:43-47.

[53] 水利部长江水利委员会. 南水北调中线工程规划(2001 年修订)简介[J].
中国水利,2003,2:48-50.

[54] Wu Jisong. Olympic Games Promote the Reduction in Emissions of
Greenhouse Gases in Beijing[J]. Energy Policy,2008(36):3422-3426.

[55] Wu Jisong. The Role of Natural Science,Technology and Social Science
in Policy-making in China(英、法、西班牙文)[J]. International Social
Science Journal,1992,132.